숙녀들의 수첩

The Ladies' Diary: or, Woman's Almanack

숙녀들의 수첩

ⓒ 수학동아, 이다솔, 갈로아 2019

초판 1쇄	2019년 12월 10일
초판 3쇄	2020년 6월 29일

기획	수학동아
글	이다솔
만화	갈로아

출판책임	박성규	펴낸이	이정원
편집주간	선우미정	펴낸곳	도서출판 들녘
디자인진행	한채린	등록일자	1987년 12월 12일
편집	이동하·이수연·김혜민	등록번호	10-156
디자인	김정호	주소	경기도 파주시 회동길 198
마케팅	전병우	전화	031-955-7374 (대표)
경영지원	김은주·장경선		031-955-7381 (편집)
제작관리	구법모	팩스	031-955-7393
물류관리	엄철용	이메일	dulnyouk@dulnyouk.co.kr
		홈페이지	www.dulnyouk.co.kr

ISBN	979-11-5925-489-5 (03400)	CIP	2019048517

이 도서의 국립중앙도서관 출판예정도서목록(CIP)은 서지정보유통지원시스템 홈페이지(http://seoji.nl.go.kr)와 국가자료공동목록시스템(http://www.nl.go.kr/kolisnet)에서 이용하실 수 있습니다.

값은 뒤표지에 있습니다. 잘못된 책은 구입하신 곳에서 바꿔드립니다.

Containing New Improvements in ARTS and SCIENCES, and many entertaining
PARTICULARS: Designed for the USE AND DIVERSION OF THE FAIR SEX

수 학 이 여 자 의 것 이 었 을 때

숙녀들의 수첩

The Ladies' Diary: or, Woman's Almanack

The first editor and publisher, John Tipper, began the almanac by publishing a calendar, recipes, medicinal advice, stories and ended with "special rhyming riddles." By the 1709 issue, the contents changed to exclude recipes, medicinal advice, and more puzzles from those sent in The second Beighton, the almanac death in 1713. publish the al- zzles, and in 1720 more difficult with Newtonian calculus. Joan Although the Woman's Almanac, most popular matical perio- couraged women beauty, it attracted of both sexes. Not publication like Memoirs[...] Diary was a respectable mathematical sustain debate.

stories and include both Tipper and by readers. editor, Henry took over after Tipper's He continued to manac rich in pu- began to include puzzles dealing infinitesimal Baum notes that Ladies' Diary (or 1704?1841), the of the mathe- dicals, en- to join wit with serious amateurs a prestigious Taylor's Scientific the Ladies' nonetheless place to pose problems and The Edinburgh Review

notes that along with the Diary's more fanciful material, some of it downright silly, "much good mathematics" was buried in its pages. In fact, since there were few science periodicals in England until the 1830s, technical articles often appeared in general periodicals like the Ladies' Diary.

기획 수학동아 · 글 이다솔 · 만화 갈로아

성가신데 필요한 일

이다솔

회사에 긴장감이 감돌면 저는 유튜브에 접속합니다. 이어폰을 귀에 꽂고, '오피스 요가'를 검색해 가장 첫 번째로 나오는 영상을 클릭합니다. 클래식 음악을 배경으로 두상이 예쁜 민무늬 머리 아저씨가 의자에 앉아 무릉도원에서 녹음한 듯한 평화로운 목소리로 가르치는 요가를 따라 하며, 유튜브의 안정감과 사무실의 혼란함 사이 간극을 즐깁니다. 구십구 번째 발제가 백 번 째로 까일 때 숨 들이쉬면서 - 오른팔을 위로 높이 들고, "이게 기사냐"며 원고가 날아들 때 내쉬는 호흡으로 - 오른팔을 왼쪽 위 방향으로 뻗어 겨드랑이쪽 근육이 늘어나는 것을 느낍니다. (문장에 과장이 섞여 있으니 주의하세요.)

하던 일을 멈추고 요가를 하는 것은 상당히 성가시고 모니터 위로도 두 팔을 뻗어야 해 때로는 부끄럽지만, 장기적인 생존을 위해 어쩔 수 없는 선택입니다. 저는 OECD 국가 중 두 번째로 노동 시간이 긴 나라의 사무직답게 경추가 꼿꼿하게 뻗은 일자목을 획득했기 때문입니다. 대한민국 사무실엔 일자목과 거북목이 더 많으니 드디어 주류에 편입한 거라고 스스로를 위로해보아도 목과 연결된 온갖 근육들은 아랑곳 않고 통증을 만듭니다. 직업병이 늘 그렇듯이 일을 할 때 통증은 더욱 심해지므로, 요가는 장기적인 생존을 위한 '필수템'입니다.

요가를 하는 중에 얼마 전 한 아나운서가 영화 〈82년생 김지영〉이 불편했다고 관람 후기를 써서 구설수에 오른 게 떠올랐습니다. 저는 논란이 된 내용들 대신 문장 하나가 인상에 남았습니다. "매사에 불평등하다고 생각하고 살면 너무 우울할 것 같다"는 문장이었습니다.

사실 자신의 소수자성을 자각하는 것은 성가신 일인 게 맞습니다. 차별적 구조의 견고함에 비해 나의 힘은 너무나 초라하기 때문입니다. 아무리 노력해봐야 원대한 꿈을 이루기에는 한계가 있어 보여 시도를 하기도 전에 힘이 빠집니다. 그래서 저 스스로도 평소에는 성차별적 현실을 잠시 잊기를 바랍니다. "여자는 무엇이든 될 수 있어!"라고 말했던 바비인형과 여성 히어로를 내놓는 디즈니 영화의 순진한 희망을 현실이라 굳게 믿고, 내가 내 인생을 스스로 디자인할 수 있다는 자기 통제력을 과신하며 하는 일에만 집중해 아주 잘나가고 싶습니다.

하지만 평소에는 앞만 보고 달리더라도, 간혹 성차별적 구조를 인식하는 일이 필요할 때가 있습니다. 장기적인 생존을 위해서입니다. 오피스 요가처럼 성가신 일을 해줘야 업무를 지속할 수 있는 것처럼, 성차별적 구조를 이해해야 위기 상황에 완전히 무너지지 않을 수 있다는 게 제 생각입니다. 진로를 고민하는 정체성의 위기에서 "여자는 수학보다 언어를 잘해"라는 남의 말에 기대지 않고 내 안의 목소리를 믿을 용기를 갖는 것, 교수나 상사가 곧 떠날 사람이라 대우해도 그것이 나의 무능력 탓이 아니라 내면화된 성차별적 사고 탓일 수 있다고 해석하는 식견을 갖는 것, 모두 성차별적 구조를 이해해야 가능한 일입니다.

여러 성차별적 현실 중 이 책은 "여자는 수학과 어울리지 않는다"는 고정관념을 다뤘습니다. 이 고정관념이 언제 어떻게 형성됐는지, 현실의 성차별적 구조를 어떻게 강화하는지, 과연 진실인지 아닌지를 만화 뒷담에 썼습니다. 갈로아 작가가 그려주신 만화는 수학이 오히려 "여성적인 교양"이라는 고정관념이 있던 18세기 영국을 보여줍니다. 저는 어린 시절 무지했기에 여자는 기계를 잘 못 다룬다는 말 앞에서 "그렇지 않아!"라고 우기는 데 급급했지만, "여자는 수학과 어울리지 않는다"는 말이 얼마나 허약한 토대 위에 세워졌는지 알게 된 뒤로는 이런 말을 이겨낼 든든한 무기를 갖춘 기분입니다. 수학과 과학에 관심이 있는 여성들과, 이공계에 여성이 있는 것의 중요성을 이해하고 도와주고자 하는 사람들에게도 ≪숙녀들의 수첩≫을 둘러싼 이야기가 '오피스 요가' 같은 생존 필수템이 되기를 바랍니다.

진부하지만 감사한 사람들이 많아서 시상식 수상 소감 뺨치는 인사를 좀 해야겠습니다. 우선 동쪽에서 나타난 귀인 갈로아 작가에게 감사드립니다. 갈로아 작가의 명성에 숟가락을 얹은 덕에 재미있는 만화의 뒷이야기라는 평계로 근질거리던 입을 떠들 수 있었습니다. 더불어 단행본 출간을 응원하고 지원해주신 동아사이언스와 수학동아·어린이과학동아 편집부, 기자라는 직업에 어울리지 않게 자꾸 늦는 마감을 기다려주신 들녘 편집부, 몇 달간 집에 못 내려간 딸을 이해해준 어머니와 아버지, 재미없는 초고를 보고 재미있는 평가를 해준 친구 성운, 정민, 수빈, 한길, 단비, 나린에게도 감사드립니다.

만화의 힘

갈로아

만화의 영향력은 강력합니다. 특히 어린 시절에 본 만화는 절대적이어서 좀처럼 대체할 수 없는 강력한 무언가가 있습니다. 다시는 돌아오지 못하는 시절의 보물 같은 경험입니다. 그도 그럴 것이 저는 어린 시절 수학 과학 학습만화에 빠져 만화가가 되었습니다. 그래서 어린 독자님들을 대상으로 만화를 그리고 싶어 했습니다. 고등학교 때는 청소년 잡지에 연재하고 싶다며 투덜대던 글을 쓴 적도 있습니다. 그러다 보니 어린 시절 보던 수학동아에서 연재 제의가 왔을 때 거절할 수가 없었습니다. 그때는 이미 다른 만화를 연재하면서 학업을 병행하고 있었습니다. 그리고 수학 과외도 하고 있었습니다. 그래서 더 작업을 늘리는 것이 힘들었음에도 이번 만화의 작업을 진행했습니다.

　데뷔작이 SF 만화인지라 이번에도 비슷한 것을 그릴까 고민하던 와중에 이다솔 기자님이 여성 수학자에 대한 만화를 제의했습니다. 여성…. 요즘 우리 사회에서 가장 핫한 키워드입니다. 그에 맞춰 사회가 바뀌고 있습니다. 만화도 바뀌고 있지만 그렇지 않은 것도 많습니다. 최근에 나온 헌법재판소의 어린이 학습만화에는 '역시 강한 남자가 미녀 쟁취'라던가 '네 엄마가 조금만 더 예뻤다면 내가 날마다 업고 다녔을 거야' 같은 말도 안 되는 황당한 표현들이 여전히 나오고 있습니다. 이 문제에 대해서 혼자서 늘 이런저런 생각을 해보았습니다. 이것저것 찾아 듣고 찾아 읽으며 혼자 생각하며 지냈습니다. 심지어 머리가 아파서 잠이 안 온 적도 있습니다. 그러나 그동안 제가 만화에서 보여줘

온 과격한 모습과는 달리, 소심해서 입을 다물고 지내왔습니다. 그러다가 이 작품의 연재 제의가 왔을 때, 이참에 하고 싶었던 이야기를 만화로 표현할 좋은 기회라고 생각했습니다. 만화를 그리는 것은 굉장히 오래 걸리고 힘든 일인데, 가능하다면 이런 의미 깊은 작업을 하고 싶었습니다. 만화란 결국 작가가 하고 싶은 이야기를 글과 그림으로 재미있게 포장하는 작업이라고 생각해왔기 때문입니다.

이런 저런 초안을 거치다 보니 이번 만화가 탄생했습니다. 이탈리아의 '마리아 아녜시'라는 교수를 당시 영국의 ≪숙녀들의 수첩≫이라는 수학 잡지와 엮으면 어떨까 하며 그려낸, 어느 정도 픽션을 담은 만화입니다. 여러모로 어려웠습니다. 청소년을 위한 재미있고 웃긴 만화를 그리고자 하였으나, 주제는 결코 가벼운 것이 아니었기 때문입니다. 그래도 너무 무거워 축 처지지 않게 유쾌하게 나갔습니다. 그러다 보니 이번 만화는 여러 독자층의 코드를 공유하는 특이한 작품이 되었습니다. 부디 어린이부터 성인까지 모두가 재미있게 봐주셨으면 좋겠습니다.

요즘 이런 말 하면 꼰대라고 하지만, 제가 어린 시절에는 여러 과학자와 수학자들의 위인전 같은 만화를 너무 많이 봐오며 지냈습니다. 일반적인 저희들과는 실질적으로 동떨어진 아인슈타인이나 오일러의 천재성에 감탄하면서 말입니다. 그중에서 여성은 눈곱만큼도 보이지 않았습니다. 그래서인지 마리아 아녜시는 저한테 너무나 새롭게 다가왔습니다. 그 시대의 학계에서 여성이었다는 사실뿐 아니라, 어떻게 보면 수재 같기는 한데 분명히 노력형 인물이었다는 점 때문입니다. 실제 학계는 소수의 번쩍이는 천재가 아니라 힘겹게 노력하며 머리를 쥐어짜내며 차근차근 학계의 기반을 다지는 사람들로 구성되고 운영되고 있습니다. 그것이 진짜 수학자, 과학자들의 모습이며 어쩌면 우리가 주목해야 할 위인들의 모습인지도 모릅니다.

다시 강조하자면 만화는 강력한 영향력을 갖고 있습니다. 특히 어린 시절 보는 만화는 더더욱 그렇습니다. 그러나 그동안 픽션이든 논픽션이든 여성들의 연구 활동은 많이 묘사되지 않았습니다. 이것은 사소

한 것 같지만 인식의 큰 차이를 만듭니다. 그래서 이번 만화를 계기로 수학과학계의 여성들의 연구 활동이 익숙해지는 계기가 되었으면 좋겠습니다. 그런데 놀라운 사실은 만화로부터 가장 큰 영향을 받는 사람은 그리는 작가라고 합니다. 저 역시 이 만화를 그리면서 많은 영향을 받아버리고 말았습니다. 여러 인식이 바뀔 만한 새로운 사실들을 알아갔을 뿐만 아니라, 그동안 생각으로 숨겨둔 것들을 그려내면서 어떨 때는 뻔뻔하게 밀고 나갔기 때문입니다. '아녜시'나 '엘리'라는 캐릭터 뒤에 숨어서 스스로를 선한 선각자마냥 뻔뻔하게 말하고 있다 보니, 이러고 있는 나 자신은 무언가를 잘못한 것이 없었나 하고 계속 뒤돌아보게 되었습니다. 그렇게라도 하지 않으면 뻔뻔함은 곧 부끄러움이 될 것 같았습니다. 그러면서 자기 자신의 생각과 말, 행동에서 어느 부분은 고치려고 노력했고 또 실천으로 이어가고자 했습니다. 저에겐 이 만화가 책으로 나와서 다행입니다. 일종의 박제입니다. "너 뻔뻔하게 여기까지 왔잖아!"

때는 상업이
발달하고,

여성에게 수학을
권장하던 시기다.

지워.

사실 그것은 수고스러운
집안일 중 하나인 계산을
여성에게 맡겼기 때문이다.

다 닦았니.

엘리, 수학이
재밌다는 게
공감은 안 되지만
이해는 해주마.

적당한 수분과
일정한 각도로
계산된 횟수의
걸레질을 하면
다 닦여요.

그래서 수학은
좋은 아내가 되기 위한
교양으로 취급되기도 했다.

하지만 그렇게
요상하게 굴면 남자들이
결혼하기 꺼려할 거야.

소녀의 이름은
엘리 캠벨,

아직
열세 살인데
결혼이라뇨!

잘 들어라, 엘리.
아직 열세 살이지만
지금부터라도
숙녀로서
좋은 아내가
되기 위한
준비를 해야 해.

수학은 이제 그만하고
이제부터라도 조신하게
행동하는 법도 좀 배워라.

수학을 좋아하는
소녀다.

내가 빼먹은 게
있나?

뭐지?

답은 54란다.

아오ㅆ으앍앗 깜짝이야!
끼요오오오옷!

죄… 죄송해요.
너무 놀라서…!

괜찮아.

…아니,
사실 안
괜찮단다.

부들

부들

헉.

대신 부탁을 좀
들어줄 수 있겠니?

그… 그래서 이걸 빌려가며 조금, 조금씩 공부하고 있어요…!

『숙녀들의 수첩』

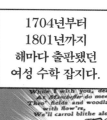

1704년부터 1801년까지 해마다 출판됐던 여성 수학 잡지다.

처음에는 유명한 여성의 계보, 출산 통증 치료법, 사과와 배 저장법, 결혼에 대한 조언 등 다양한 기사를 실었다. 그러다 6호를 발행하던 1709년, 편집장 존 티퍼는 "요즘 여자들은 요리보다 수학을 더 좋아하니까 앞으로는 수수께끼와 수학 문제만 싣겠다!"고 선언했다.

그… 그래도 잘할 수 있을지는 모르겠어요.

여자인 수학자를 본 적도 없고….

여기예요.

데려다줘서 고마워.

저도 여기 오려고 했는데요, 뭘.

그런데 아주머니는 왜 이곳에 왔어요?

아주머니도 수학 좋아하세요?

아주머니….

아앗! 오셨습니까!

내가 아는 수학자는
오직 남자뿐이었다.

페르마

데카
르트

뉴턴

누구
더라
..?

그 때문에 사실
여자들이 수학을
정말로 못하는 걸까
의심도 했다.

그래서
자신감이
없었다.

그런데….

아… 아아….

그녀는
내 눈앞에서

안녕하세요!
존경합니다!
방금 막 든 생각인데
사랑해요!

여성도 수학자가
될 수 있다는 것을
보여주었다.

여성 최초 수학 교수
마리아 아녜시.

여성 수학 잡지
『숙녀들의 수첩』.

★여성 수학자를 만난 엘리의 미래는?!★

어… 엘리야,
우니?

여성들의
수학 이야기는
그들로부터
시작되었다.

컨셉 변경

첫 만남

조선 최초의 여성 과학자
김점동

♦ 金點童
♦ 1876~1910
♦ 의사

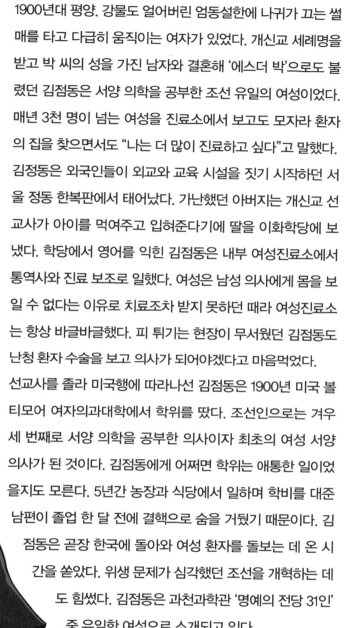

1900년대 평양. 강물도 얼어버린 엄동설한에 나귀가 끄는 썰매를 타고 다급히 움직이는 여자가 있었다. 개신교 세례명을 받고 박 씨의 성을 가진 남자와 결혼해 '에스더 박'으로도 불렸던 김점동은 서양 의학을 공부한 조선 유일의 여성이었다. 매년 3천 명이 넘는 여성을 진료소에서 보고도 모자라 환자의 집을 찾으면서도 "나는 더 많이 진료하고 싶다"고 말했다. 김정동은 외국인들이 외교와 교육 시설을 짓기 시작하던 서울 정동 한복판에서 태어났다. 가난했던 아버지는 개신교 선교사가 아이를 먹여주고 입혀준다기에 딸을 이화학당에 보냈다. 학당에서 영어를 익힌 김점동은 내부 여성진료소에서 통역사와 진료 보조로 일했다. 여성은 남성 의사에게 몸을 보일 수 없다는 이유로 치료조차 받지 못하던 때라 여성진료소는 항상 바글바글했다. 피 튀기는 현장이 무서웠던 김점동도 난청 환자 수술을 보고 의사가 되어야겠다고 마음먹었다.
선교사를 졸라 미국행에 따라나선 김점동은 1900년 미국 볼티모어 여자의과대학에서 학위를 땄다. 조선인으로는 겨우 세 번째로 서양 의학을 공부한 의사이자 최초의 여성 서양 의사가 된 것이다. 김점동에게 어쩌면 학위는 애통한 일이었을지도 모른다. 5년간 농장과 식당에서 일하며 학비를 대준 남편이 졸업 한 달 전에 결핵으로 숨을 거뒀기 때문이다. 김점동은 곧장 한국에 돌아와 여성 환자를 돌보는 데 온 시간을 쏟았다. 위생 문제가 심각했던 조선을 개혁하는 데도 힘썼다. 김점동은 과천과학관 '명예의 전당 31인' 중 유일한 여성으로 소개되고 있다.

여자라면 자고로 수학을 해야지!

이다솔 기자의 '만화 뒷담'
기자 나부랭이가
취재를 함께했다는 것을
빌미로 지면을 갈취해
떠드는 뒷이야기.
만화를 보시다가 생각날 때
라면 한 젓가락 올리듯
삼켜주세요.

✦✦ '숙녀'들의 필수 교양은 수학이었다

모든 인간은 잠들고 마감용 좀비만 잡지 편집실을 배회하던 어느 밤, 저는 제 기사가 편집장 손에 교정되길 기다리면서 책을 읽고 있었습니다. 과학사학자 론다 쉬빈저Londa Schiebinger의 『두뇌는 평등하다』라는 책이었지요. 주변 좀비들은 아무도 몰랐습니다. 제가 책에서 엄청난 문장 하나를 읽었다는 사실을요.

"18세기 초기에 가장 놀라웠던 면은 여성들의 수학 공부가 적극 권장되었다는 사실이다."

저는 침을 꼴깍 삼키고 문장을 다시 한 번 읽었습니다. '여성'들에게 '수학' 공부가 '적극' 권장되었다…. 지금까지 익숙했던 세상과 너무나 다른 사실을 확인하고 있는데 편집실은 여전히 고요했습니다. 우주에서 자기 혼자만 아는 진실을 이제 막 깨달은 과학자처럼 저는 기이하도록 고요하게 놀라고 있었습니다. 그리고 외쳤죠. "속았다!"

21세기에 사는 저는 수학이란 소위 '남성적인' 학문이라는 믿음에 둘러싸여 살았습니다. 저뿐만 아니라 책을 보시는 대부분의 분들이 그랬겠지요. 그 믿음에는 평균적인 남성보다 평균적인 여성이 수학을 더 꺼려하고 못하며, 그렇게 되도록 유전자를 갖고 태어났고, 수학 관련 직업인 중에 여성은 거의 없는 데다 여성이 수학과 관련한 일을 하려고 했다가는 실패하고 말 것이라는 생각이 희미하지만 단단하게 들어 있습니다.

이런 고정관념은 머릿속에만 머물지 않습니다. 잠재된 형태로 머릿속에 존재해서 본인조차 고정관념을 지니고 있다는 것을 알아차리지 못하기에 붙잡아서 물어뜯고 뒤집으려고 애쓰지 않으면 자기도 모르게 몸 밖으로 빠져나와 차별적인 행동과 상황을 만들어내고 말지요. 초등학교 5학년이던 때 방송부 지원 공고에 관심을 보이던 제게 담임선생님이 말했던 것처럼 말입니다.

"방송부 엔지니어에는 남학생만 지원할 수 있단다."

저는 그저 입을 '아' 벌린 채 놀란 표정만 지었습니다. 프로그래머의 딸로 태어나 일곱 살부터 '286컴퓨터'를 쓸 줄 알았던 제게 엔지니어는 여성 금지 구역이라는 말이 외계인의 말처럼 낯설게 느껴졌습니다. '그럴 수도 있나? 난 보통 남자애보다 기계를 잘 다룰 텐데? 나는 컴퓨터를 조립할 줄도 아는데?' '하지만 그러고 보니 엔지니어는 전부 남자였던 것 같기도 하고.' 같은 생각들이 입 밖을 나가지 못하고 머릿속에 뱅뱅 돌다 힘없이 가라앉아 흩어졌습니다. 때로는 적성보다 성별이 인생을 결정할 수도 있다는 것을 열두 살에 처음 깨달았습니다. 결국 저는 예비 엔지니어계 '금수저'였음에도 방송부 엔지니어에 지원하기를 포기하고 말았습니다.

그런데 며칠 뒤 이상한 장면을 목격했습니다. 다른 반 여학생이 엔지니어에 지원해 면접을 보고 있었습니다. 그 학생의 담임선생님은 지원 분야에 성별을 정해주지 않았다고 했습니다. 여학생은 엔지니어를 할 수 없다는 규칙은 방송부에도 학교에도 없었습니다. 기계를 다루는 일은 남성에게 어울린다는 고정관념을 갖고 있던 담임선생님이 으레 그럴 거라 생각하며 했던 말이었고, "여자애가 특이하네"라는 말을 수도 없이 들어왔던 제가 체념했을 뿐이었습니다. 어린 날의 제게 담임선생님에게 반기를 드는 건, 비슷한 고정관념을 갖고 있던 모든 어른에게 반기를 드는 것처럼 느껴져 무섭고 어려운 일이었습니다.

그때부터였을까요. 엔지니어로 활동할 기회를 놓쳤던 억울함은 이상한 반항심으로 변했습니다. 저는 수학을 좋아하고 잘해버리기로 마음먹었습니다. 여성도 수학을 좋아하고 잘한다는 것을 몸소 보여줘서 담임선생님처럼 생각하는 사람들에게 물을 먹이겠다는 생각으로 똘똘 뭉쳤죠. 끝내는 이공계 쪽으로 직업을 얻을 생각이 없었는데도 물리학과로 진학하는 괴상한 선택을 했습니다. 이게 마감용 좀비로 가득한 과학잡지 편집실에 온 배경입니다. 저는 제 직업이 싫지 않지만, 진로 선택 과정이 어딘가 뒤틀려 있던 것은 사실입니다.

"수학은 여성에게 어울리지 않는다"는 말에 인생 경로를 수정당한 사람은 저뿐만이 아닙니다. 지난해 과학과 페미니즘에 대한 책모임에서 만났던 어떤 분은 자신이 여성이라 수학을 못할 거란 생각에 큰 고민 없이 문과로 진학했다고 고백했습니다. 같은 이유로 컴퓨터를 제대로 공부해본 적이 없다가 사회학과를 졸업하고서야 코딩에 눈을 떠서 프로그래머가 된 분도 있었지요. 2016년 미국에서는 초등학교 3학년 때부터 여학생이 남학생보다 수학에 대해 낮은 자신감을 보이는데, 그 격차가 실제 성적과 흥미의 격차보다 컸다는 연구가 발표됐습니다. 방향은 제각각이지만 여성이 수학을 못한다는 고정관념은 개개인의 삶에 영향을 미치고 있습니다.

그런데 이런 편견이 생겨난 지가 300년이 채 안 되었다고 론다 쉬빈저는 말합니다. 심지어 수학과 성별의 관계는 변덕스럽기까지 해서 수학이 항상 남성에게만 권장됐던 것이 아니라 시대적 필요에 따라선 여성에게 권장되기도 했다고요. 파란색이 수십 년 전에는 여성의 상징이었다가 지금은 남성의 상징이 되고, 분홍색이 수십 년 전에는 남성의 상징이었다가 지금은 여성의 상징이 된 것처럼 말입니다. 시대와 우연이 복잡하게 교차하면서 허약한 토대 위에 생겨난 고정관념에 도대체 얼마나 많은 유년들이 좌절하고 흔들렸던 걸까요?

✦✦ 영국의 첫 여성지는 수학 잡지가 되었다

18세기 여성에게 수학이 얼마나 권장됐고 여성이 수학을 얼마나 즐겼는지는 《숙녀들의 수첩 혹은 여성들의 책력*Ladies' Diary and Women's Almanack*》(이하 《숙녀들의 수첩》)에서 잘 드러납니다. 영국의 첫 여성지였던 이 잡지는 발행된 지 불과 6년 만에 돌연 수학 잡지로 변하게 됩니다.

당시는 달력을 싣고 해마다 발행된 '책력'이 흔하던 때입니다. 달력에는 중요한 기념일뿐 아니라 날마다 변하는 일출과 일몰 시각, 달의 모양, 별의 위치가 나와 사람들이 비싼 시계 없이도 날짜와 시각을 추정하도록 도왔습니다. 여기에 점성술 예언이나 정치적인 이슈 등 차별화된 읽을거리를 더해 잘 팔리는 책력을 만드는 게 당대 제일의 인쇄사 '스테이셔너스*The Company of Stationers*'의 목표였죠. 예를 들어, 《보따리장수의 책력*Champman's Almanack*》은 중고 시장이 열리는 장소와 날짜 등을 전해 창고에 쌓인 물건들을 팔고 싶어 했던 사람들 사이에서 큰 인기를 끌었습니다.

이런 스테이셔너스에게 좋은 제안이 들어옵니다. 여성을 위한 책력을 만들자는 거였죠. 수학 교사로 일하며 낮은 봉급에 허덕이던 존 티퍼John Tipper가 부업을 뛰기 위해 낸 아이디어였습니다. 여성 독자는 확실히 새롭고 전망 있는 시장이었습니다. 17세기와 18세기에 걸쳐 교회의 여러 자선학교들이 가난한 사람도 성경을 읽도록 글을 가르친 덕에 정규 교육을 받지 못한 여성도 대부분 영어를 읽을 줄 알게 됐지만 여성을 위한 잡지는 아직도 등장하지 않고 있었기 때문입니다. 스테이셔너스는 표지를 포함해 분량은 40쪽, 크기는 가로 16센티미터, 세로 10센티미터로 손에 쏙 들어오는 《숙녀들의 수첩》을 발행하기로 결정했습니다.

《숙녀들의 수첩》에 처음부터 수학이 있었던 건 아닙니다. 초창기의 편집장 티퍼는 여성이 좋아할 거라 예상한 거의 모든 것을 때려

부었습니다. 창간호인 1704년 호에는 연애와 결혼, 아름다움에 대한 에세이를 실었습니다. 1705년 호에는 더 대담하게 남성보다 여성이 고귀하다고 주장했습니다. 신이 광물과 식물, 동물, 남성을 차례로 만들고 나서야 "마지막으로 여성을 만들었다"며, "신은 덜 고귀한 것에서 더 고귀한 것의 순서로 만들었다"고 썼습니다. 영국 여왕과 클레오파트라, 데보라 같은 전설적인 여성들을 소개하는 연대표도 꾸준히 실었습니다. 티퍼는 상류층 여성들이 이런 글을 좋아할 것이라 믿었고, 여성 가정주부와 하인들을 위해서도 요리와 의학 지식을 연재했습니다.

단 6년 만에 이런 종류의 콘텐츠는 싹 사라집니다. 계기는 티퍼가 잡지 마지막에 슬쩍 끼워 넣은 수수께끼 문제에서 왔습니다. 독자의 반응은 티퍼의 예상을 뛰어넘어 자신이 답을 찾았다고 주장하는 편지는 물론이고 내년 호에 실어달라며 독자가 만든 새로운 문제도 편집부에 도착했습니다. 그중에는 간단한 산수 문제도 있었습니다. 독자의 반응에 유연하게 대처하는 능력이 있던 존 티퍼는 마침내 1709년 호에서 이렇게 선언합니다.

"왕국 곳곳에서 온 편지를 살펴보면서 수수께끼와 수학 문제가 여성들에게 가장 큰 만족과 기쁨을 주었다는 것을 깨달았습니다. 요리법 같은 내용을 소개하는 건 다음 기회로 미루고 앞으로는 수수께끼와 수학 퍼즐만 싣도록 하겠습니다."

이후 《숙녀들의 수첩》은 대부분을 독자가 보내는 문제와 답안으로 채웠습니다. 편집장의 역할도 독자 편지 중 흥미로운 것을 선별해 수수께끼 파트와 수학 문제 파트에 각각 싣는 일이 되었습니다. 독자들은 초겨울에 발행되는 《숙녀들의 수첩》을 구입하자마자 상품이 걸린 문제를 풀어댔습니다. 당선이 선착순이었기 때문입니다. 당선되면 다음 해 자신의 이름이 실린 《숙녀들의 수첩》 여러 권을 상품으로 받아 지인들에게 나눠줄 명예를 누릴 수 있었습니다.

수학 잡지로 자리매김한 ≪숙녀들의 수첩≫은 137년 동안 발행된 뒤 ≪신사들의 수첩≫과 합쳐 ≪신사와 숙녀들의 수첩≫으로 제호를 변경하고 41년 더 명맥을 잇습니다. 비슷한 시기에 독일 수학자 고트프리트 라이프니츠가 만든 유럽 최초의 과학 학술지 ≪악타 에루디토룸 *Acta Eruditorum*≫은 고작 10년 만에 폐간되었는데요. 최초의 여성지만이 100년을 넘게 살아남은 수학지가 된 것을 고려하면, 수학을 좋아하는 게 당연했던 18세기 영국 여성에게는 "여성은 수학과 어울리지 않는다"는 21세기의 고정관념이야말로 낯선 게 아니었을까요?

제2화

엘리의 임무

아녜시 교수님,
이쪽 넋이 나간
아이는 엘리 캠벨
이라고 합니다.

반갑구나.

엘리,
다시 한 번
소개하마.

이쪽은 이탈리아
볼로냐 대학교
수학과의
마리아 아녜시
교수님이시다.

여성 최초의
수학 교수란다.

굉장해요.

다섯 살 때 이미
프랑스어와
이탈리아어를
구사하셨고

대단해요.

열한 살에는
그리스어, 히브리어,
스페인어, 독일어,
라틴어를
구사하셨단다.

정말 끝내주는
분이에요.

스무 살에는
『철학의 명제』라는
책을 집필하시고….

존경하게
돼요오-.

028

서른 살에는 불후의 명저
이탈리아….

흠흠.
그만하세요.

아차, 죄송합니다.
무례했다면 사과드리죠!

드러내는 걸 좋아하지
않을 뿐이에요.

하여튼 엘리,
이제 슬슬
『숙녀들의 수첩』 53호를
만들 시기다!

….

존….
경….

들리지 않나 보군요.

엘리!

끼요옷!

번뜩

토마스 심슨.
1754년부터 1760년까지
『숙녀들의 수첩』 편집장이자
당시 유명했던 수학자다.

잘 들어라, 엘리.
이제 『숙녀들의 수첩』
53호를 만들어야 할
시기다.

작년 호를 빌려간 대가로
올해부터 하기로 한 일을
기억하지?

당연하죠!

척

!!!

…어…
어째서….

귀찮아.

으윽, 설득
당한다….

휴….
아녜시 교수님,
의외로 단칼 같으신
분이셔….

그래도!

드디어
만나다…!

나와 같은
숙녀들의 수첩
독자…!

어떤 아이일까?
주홍모리를 예쁘게
땋았을까?

아냐, 의외로
짧은 머리일지도
몰라.

하여튼 수학을
좋아하는 여자애니
착할 거야.

좋은 애면
같이 친구먹자고
해야지~!

음산

음험

그래서, 여기는 왜 찾아왔다고?

무서워!

아, 네.
그, 그그그그
귀하께서 보, 보내주신
무무무문제의
해해해답을….

으, 으아아아
너무 떨려…!

누가 나 좀
도와줘!

뭐라고?

그그그 저저저번에
보보보내주신….

부인.

여기 손님의 일행
한 분이 오셨는데요.

들이세요.

쏙

?

도착하셨습니다. 숙녀분들.

오늘은 정말 정말 감사드립니다….

심히 번거로우셨을 텐데….

생각해보니 할 게 없길래 심심해서 따라가봤던 것뿐이야.

편집장에게 들었어.

같이 수학 공부할 친구를 찾고 있다며?

네, 그게… 혼자서 하기엔 한계가 있어서요….

게다가 아버지는 그닥 좋아하지 않으셔서 학교는 무리고….

엘리 캠벨이라고 했지?

…가끔은, 내가 도와주….

잠깐, 받아온 해답지는 어디 있니?

네?

어어어어!??!?!

마차에

두고 내렸다!

★취업 첫날부터 위기에 처한 엘리의 운명은?!★

덜컹 덜컹

035

$$\frac{dV}{dx} =$$

$$\frac{\pi h}{r}(-3x^2+r) = 0$$

$$x^2 = \frac{r}{3}$$

$$x = \pm\sqrt{\frac{3r}{3}}$$

안면 근육

엘리 너는 표정이 정말 다이나믹한 것 같아.

그래용?

히파티아

부 릅

로라 바시

부 릅

뭐야 저거 무서워...

아직은 좀 더 연습이 필요해요!

0과 1의 지옥에서
프로그래머를 구출하다

그레이스 호퍼

- ♦ Grace Hopper
- ♦ 1906~1992
- ♦ 컴퓨터과학자, 해군 제독

컴퓨터는 0과 1로 이뤄진 2진법 수인 '기계언어'만 이해한다. 그래서 초기 개발자들은 0과 1이 암호처럼 섞인 숫자로 프로그램을 만들어야 했다. "나랏말싸미 듕국에 달라" 걱정한 세종대왕처럼 그레이스 호퍼는 생각했다. '영어로 프로그램을 만들면 편할 텐데.' 일반 사무직이 사용할 최초의 컴퓨터 유니박을 미국 컴퓨터회사에서 개발하던 때였다.

"사람들이 영어로 명령어를 쓰면 컴퓨터가 기계언어로 스스로 번역하도록 해야겠다!"

동료들의 반응은 싸늘했다. 기계언어를 구사하는 일이 쓸모없는 재주로 전락할까 걱정하는 눈치였다. 호퍼는 고집을 꺾지 않고 1952년 'A-0'라는 언어번역시스템을 만들어 '컴파일러'라는 이름을 붙였다. 2년 뒤에는 컴파일러를 기반으로 한 최초의 프로그래밍 언어를 만들었다. 기업은 "add(더하라)" 같은 간단한 영어로 프로그래밍을 할 수 있었다. 이는 훗날 업무용 프로그램을 제패한 언어 '코볼'의 기반이 됐다. 오늘날 영어로 프로그램을 만들게 된 데에는 호퍼의 영향이 컸던 셈이다.

프로그램 오류를 '버그'라 부르게 된 것도 호퍼와 관련이 있다. 1947년 해군에서 '마크2'를 개발하던 호퍼의 연구팀이 어느 날 컴퓨터에 낀 나방 때문에 오류가 생긴 것을 발견했다. 연구팀은 나방을 꺼내 일지에 붙이고는 "실제 버그가 발견된 최초의 사례"라고 적었다. 당시 '버그'는 기계 오류를 가리키는 말로 쓰고 있었는데, 호퍼가 이 일화를 여기저기 농담처럼 퍼뜨리면서 '버그'는 지금과 같은 의미로 쓰이게 됐다.

18세기 유럽 여성에게
수학이 권장된 이유

✦✦ 야, 너도 수학 공부할 수 있어! 종이와 연필만 있으면

≪숙녀들의 수첩≫이 영국에서 인기를 얻는 동안, 서쪽 바다에는 목숨을 걸고 수학을 공부해야 했던 선원이 있었습니다. 향신료와 같은 진귀한 물건을 구해다 팔기 위해 아메리카와 인도 등으로 멀고 먼 항해를 떠난 자들이었습니다. 화려한 꿈만큼이나 과정은 험난했습니다. 모터를 돌려줄 엔진이 없으니 바람에만 의지해 고작 유람선 정도 크기의 배를 타고 대륙과 대륙 사이를 건너야 했습니다. 육지라곤 보이지 않는 망망대해에서 굶어죽는 일이 다반사였습니다. 이때 죽음을 피하게 해준 동아줄은 다름 아닌 수학이었습니다. 해의 높이로 위도를 계산하고, 별과 달의 상대적 위치로 경도를 추정해내는 것 정도는 해내야 선원들은 목숨을 부지할 수 있었습니다.

한편, 육지에서도 수학을 공부할 이유가 여럿 생겼습니다. 신항로 개척으로 교역이 활발해지자 교역품을 사고팔기 위한 상업이 크게 발달했습니다. 국가가 금융기관을 설립하면서 금융업도 성장했습니다. '인클로저 운동'도 한창이었습니다. 울타리를 세워 '내 땅'이라고 표시한 사유지가 1700년에는 농경지의 절반을 차지했습니다. 사람들은 자연스레 상업과 토지 측량을 위한 수학에 관심을 가졌습니다. ≪숙녀들의 수첩≫에도 토지를 공정하게 나누는 방법과 땅을 개조하는 방법, 습지에 배수로를 만드는 방법 등 인클로저 운동과 관련한 문제가 단골로 나왔습니다.

　이처럼 수학은 점점 실용적으로 중요해졌습니다. 선원과 상인을 위해 수학을 가르치는 학교가 생겼다는 게 그 증거입니다. 영국이 1597년에 세운 그레샴 칼리지는 당시 전통적인 교육 제도가 낮게 평가하던 실용 수학을 담당했습니다. 실용 수학에 대한 간절함은 아내들에게도 영향을 미쳤습니다. 쉬빈저는 『두뇌는 평등하다 The Mind Has No Sex?: Women in the Origins of Modern Science』에서 "영국 남성들은 네덜란드 상인들이 뛰어난 상술을 발휘하는 것은 아내가 수학을 잘하는 덕분이라고 주저 없이 말했다"고 적었습니다.

　항해술과 상업, 금융업, 사유지의 발달이 여성에게도 수학을 권장한 실용적인 이유였다면, 도덕적인 이유로는 자연철학의 유행을 꼽을 수 있습니다. 18세기는 자연철학이 유례없는 대중적 인기를 끌던 때입니다. 1687년 뉴턴이 '프린키피아'라고도 불리는 『자연철학의 수학적 원리 Philosophiæ Naturalis Principia Mathematica』를 출간해 지구와 달이 궤도를 도는 이유로 중력을 꼽고 이를 수학적으로 증명한 것을 전후해 자연철학은 다양한 사상 경쟁 속에서 크게 발전했습니다. 자연철학의 대중적인 유행을 가장 앞서서 이끈 집단은 부르주아 계급입니다. 무역과 상업 활동으로 성공한 부르주아들은 자신이 돈만 많은 게 아니라 귀족처럼 품위 있고 고귀한 존재라는 것을 증명하기 위해 최신 학문인 자연철학을 앞 다퉈 공부했습니다.

　놀랍게도 그 중심에 여성이 있었습니다. 자연철학 공부가 여성의 생활과 인격 향상에 도움이 된다는 주장이 등장했습니다. 이런 주장에 힘입어 프랑스 상류층 여성들은 적극적으로 학자를 집으로 초대해 '살롱'이라는 사교모임을 열었습니다. 살롱은 학자들이 최신 자연철학을 공유하고 의견을 주고받는 사적 장소로 기능하며, 당시에는 대학이나 학회만큼이나 중요한 학문적 공간이 되었습니다. 이런 분위기 속에서 여성을 위한 자연철학 대중 강연이 열리고 책이 출판됐습니다. 책을 직접 출판한 여성도 여럿 등장했습니다. 프랑스 물리학자 에밀리 드 브르

퇴유Émilie de Breteuil는 『자연철학의 수학적 원리』를 프랑스어로 번역하며 긴 해설을 달아, 프랑스에 뉴턴의 이론을 퍼뜨린 학자로 꼽힙니다.

여러 자연철학 중에서 여성에게 가장 잘 어울리는 학문은 화학도, 생물학도 아닌 수학이라고 간주되었습니다. 쉬빈저는 『두뇌는 평등하다』에서 "수학 공부에는 실험실이나 커다란 도서관이 필요 없기 때문에 여성도 충분히 할 수 있었다"고 썼습니다. 닐스 보어가 화학을 연구할 때는 실험실과 실험 도구가 필요했고, 찰스 다윈이 진화생물학을 연구할 때는 여행 자금과 여행 허가가 필요했던 반면, 아녜시가 수학을 연구할 때는 종이와 펜과 책만 있으면 됐습니다. 수학은 집에만 머물러야 하는 여성도 할 수 있는 학문이었던 셈입니다. 여성을 집에 가두었던 문화가 오히려 여성에게 수학과 가까워지는 계기를 마련해준 것입니다.

따라서 영국에서 숙녀들의 수첩이 흥하던 18세기 초중반, 이탈리아에서 세계 최초 여성 수학 교수가 탄생한 것은 우연이 아닙니다. 여성에게 수학이 권장되던 시기가 아니었다면 마리아 아녜시Maria Agnesi는 자신의 수학적 재능을 발견할 기회조차 없었을 테니까요. 쉬빈저에 따르면 17세기와 18세기에 여성 과학자로 이름을 떨친 이들은 아녜시처럼 대부분 수학과 관련한 분야를 연구했습니다. 수학자로는 마리아 아녜시와 소피 제르맹Sophie Germain, 물리학자로는 로라 바시Laura Bassi와 에밀리 드 브르퇴유, 천문학자로는 마리아 빙켈만Maria Winkelmann과 마리아 아이마르트Maria Eimmart, 마리아 쿠니츠Maria Cunitz, 니콜 레포Nicole Lepaute 등이 있습니다.

이처럼 짧은 기간이나마 수학은 여성의 얼굴을 가졌습니다. 여성에게 수학을 권장하는 분위기 속에서 일부 여성은 수학에 대한 호기심을 여가 생활로만 즐겼겠지만, 누군가는 진지한 직업적 욕망을 갖기도 했을 겁니다. 주인공 엘리처럼 진지하게 수학을 공부할 꿈이 생겨버린 여성들은 어떤 삶을 살아야 했을까요? 어제까지는 '교양 있는 숙녀'라 칭송 받다 하루아침에 '드센 여자' 취급을 받았을 겁니다. 이들의 이야기를 책 후반부에 들려드리려고 합니다.

✦✦ 여성 수학 잡지 속 문제는 어딘가 다를까?

아무리 18세기에 여성에게 수학이 권장됐다고 해도 의문이 하나 남습니다. 아무리 그래도 그렇지, 어떻게 수학을 좋아할 수 있었을까요? 수학을 권장하는 일이 성공하는 경우가 드물다는 것쯤은 겪어봐서 아실 겁니다. 한국은 자라나는 청소년에게 수학을 공부하라고 세계 어느 국가보다 권장하지만, 동시에 수학을 싫어하는 사람이 많기로 유명한 국가니까요. 저는 ≪숙녀들의 수첩≫에 등장한 문제를 읽고 의구심을 조금 덜었습니다.

> 저는 말을 빌렸습니다. 애인을 보러 가려고요.
> (하인으로 일하는 제 애인은 피부가 정말 맑고 깨끗합니다)
> 말을 타고 1마일 움직일 때마다 3펜스를 주기로 말 주인과 합의를 봤습니다.
> 저는 런던에서 브리스톨까지 최고 속력으로 달렸습니다.
> 정확히 서쪽으로 49마일을 달렸어요.
> 하지만 그립고 그립던 애인이 있는 곳에 제가 도착했을 때
> 애인은 조금 전에 웨스트 체스터로 떠난 뒤였어요.
> 사람들은 말했죠, 그녀가 어떤 남자를 안고 키스를 했다고.
> (…)
> 웨스트체스터에 도착하자마자 그녀를 찾았습니다.
> 그런데 그녀를 데려간 사람은 그녀의 아버지였어요.
> 저는 그녀의 아버지에게 딸과 결혼하게 해달라고 했습니다.
> 런던으로 돌아오는 길은 함께였습니다.
> 우리가 결혼한다는 사실에 너무 기뻐서 저는 많이 변했지요.

하지만 제가 몇 마일을 달렸는지는 전혀 모르겠습니다.

이제 말을 빌려준 주인에게 값을 치러야 합니다.

저는 그를 만족스럽게 해주고 싶어요.

하지만 저도 말 주인도 제가 몇 마일을 달렸는지 모릅니다.

제가 탔던 말도 당연히 모르고요.

여러분, 부디, 제가 얼마를 주면 될지 알려줄 수 있을까요?

알려주신다면 술을 한 잔 대접하겠습니다.

—헨리 바이튼, 수학 문제 28번, 1712호

이 시적인 수학 문제는 훗날 ≪숙녀들의 수첩≫의 두 번째 편집장이 되는 헨리 바이튼Henry Beighton이 만들었습니다. 존 티퍼가 좋은 사례로 잡지에 언급한 문제이기도 합니다. 물론 지금 보기엔 문제점이 많습니다. 지나치게 수동적인 여성 캐릭터, 여성을 둘러싼 성적인 스캔들, 결혼 승낙을 아버지에게 구하는 설정이 여성을 주체로 보지 않는 불평등한 문화를 반영합니다. 또 여성잡지에서 '로코물'이 좋은 문제의 예시로 언급된 것도 어딘가 불편한 마음이 듭니다. 여성이 사적 관계에만 관심이 있다는 고정관념을 반영한 것처럼 보이기 때문입니다.

그럼에도 제게 이 문제는 신선하게 느껴졌습니다. 제 학창시절을 통틀어 수학과 과학 문제에서 연애물을 본 적은 없었기 때문입니다. 현재 대부분의 수학과 물리 문제는 남성에게 주로 권장되는 취향을 다루고 있습니다. 순열과 조합은 스포츠 경기의 토너먼트와 리그전으로, 함수는 자동차로, 미분적분학은 로켓과 미사일로, 힘과 에너지는 야구와 축구, 총으로 설명합니다. 여성에게 주로 권장되는 취향인 연애와 그림, 인형, 아이돌 문화 등은 좀처럼 찾아보기 힘듭니다.

미국 SF작가 아일린 폴락Eileen Pollack은 이공계 여성들이 겪는 차별을 다룬 자전적 에세이 『평행 우주 속의 소녀The Only Woman in the Room』에서 이런 문제들이 성차별적이라고 지적했습니다. 남성에게 주로 권장되는 취향만을 사례로 다루는 편향은 여학생이 이공계로 진학하는 것을 방해하는 원인 중 하나라는 겁니다. 스포츠와 전쟁 무기를 좋아하는 여성도 많아지고 있지만, 여전히 상당한 수의 여성들이 어린 시절부터 인형과 같은 장난감을 선물 받으며 여성에게 권장되는 취향을 따르고 있으니까요.

폴락은 여학생이 소외되는 문제만을 다뤘지만, 이는 여학생의 문제만은 아닙니다. 수학과 물리 교과서가 남성에게 권장되는 취향만을 사례로 다루는 것은 우리 사회에서 '남성답다'고 여겨지는 전형적인 이미지에서 벗어난 모든 사람들이 소외되도록 만듭니다. 축구와 야구에 관심이 없는 남학생도 수학과 물리 문제에 나오는 사례를 친숙하게 여기지 못합니다. 성별 고정관념이 강한 사회라면 남성에게 권장되는 취향을 좋아하지 않는 여성이 많겠고, 성별 고정관념이 약한 사회라면 그런 남성이 많을 것입니다. 이런 사람들의 취향은 야구와 축구, 로켓, 미사일, 자동차로만 구성되지 않습니다. 연애와 영화, 음악, 만화, 춤 등 세상에는 재미있는 것들이 수없이 많기 때문입니다.

저 역시 전형적인 여성으로도, 전형적인 남성으로도 분류될 수 없는 복잡한 취향을 누리며 자랐습니다. 소위 '소년 만화'와 순정 만화를 가리지 않고 보았고, '프린세스 메이커'처럼 연애로 가득한 게임을 하면서도 '창세기전'과 같은 전투 게임도 즐겼습니다. 하지만 저는 제게 친근한 사례를 수학과 물리 교과서에서 만난 경우가 거의 없습니다. 순열과 조합 문제를 풀기 위해 토너먼트와 리그전의 차이를 따로 공부해야 할 정도였습니다. 만약 순열과 조합, 미적분학 등을 연애물이나 만화, 영화 등 다양한 사례로 배울 수 있다면 수학과 물리가 좀 더 인기 있는 과목이 되지 않을까요?

초기 ≪숙녀들의 수첩≫에 등장한 문제들이 그랬습니다. 위 문제처럼 연애와 결혼을 사례로 든 문제가 적지 않았습니다. 1707년부터 1724년까지 발간된 수학 문제 총 110개 중 7개를 차지했습니다. 여성을 대상으로 하는 잡지에서 연애와 결혼에 대한 문제를 싣는 것이 여성은 사적인 관계에만 관심이 있다는 성별 고정관념을 강화하는 일이라 여겨질 수도 있지만, 18세기 여성은 직업을 가질 수 없어 연애와 결혼이 중요한 생계 수단이었다는 점도 고려해야 할 것입니다. 여성 독자들이 자신의 삶과 맞닿아 있는 사례를 수학 문제로 만들었다고 보는 것도 일리가 있습니다.

물론 연애와 결혼보다 더 인기 있는 주제가 있었습니다. 바로 '돈'입니다. 25개 문제가 상속할 재산과 빌린 돈의 이자, 집의 가격, 결혼 지참금 등을 다뤘습니다. 땅을 개조하고 분배하는 사례도 17개 문제에서 나와 두 번째로 많았습니다. 인클로저 운동이 활발해 토지를 나누고 개발하는 데 관심이 많았기 때문입니다. 이 밖에 맥주와 와인에 대한 문제 14개, 석공과 땜장이 같은 기술자가 등장하는 문제 14개, 집 안의 정원을 가꾸거나 연애의 장소로 사용하는 문제 12개 등으로 사례가 다양했습니다. 대체로 남성 혹은 여성이 좋아할 것이라고 뚜렷하게 구분할 수 없는 사례들이 대부분을 차지한 것입니다.

현대 사회의 과학과 수학 교과서도 이처럼 다양한 취향을 반영할 수는 없을까요? 이런 책이 전혀 없는 건 아닙니다. 미국 배우 다니카 맥켈라가 쓴 수학책 『수학은 그렇게 끔찍한 과목이 아니다: 어떻게 하면 멍하니 넋을 잃거나 손톱을 물어뜯지 않고서 중학교 수학에서 살아남을 수 있을까?*Doesn't suck: How to Survive Middle School Math without Losing Your Mind or Breaking a Nail*』는 연애와 구슬, 바비 인형 등을 사례로 수학을 설명합니다. 작정하고 머리를 짜내면 기존 교과서와 다른 방식으로 물리와 수학을 알려줄 수 있다는 점을 이 책이 증명합니다. 우리 수학과 과학 교과서도 변할 때가 아닐까요? 더 다양한 성별과 취향의 학생들이 수학과 과학을 공부할 욕망이 생기도록 말입니다.

토막 지식
영국 출판업자들의 길드, 스테이셔너스

18세기 영국에서 책력을 발간할 수 있는 곳은 단 하나, 스테이셔너스뿐이었습니다. 출판업과 관련한 기술공들이 1403년에 설립한 길드인 스테이셔너스는 오랫동안 모든 출판물에 대한 독점권을 누렸고, 1695년 새로운 인쇄법으로 독점권이 축소된 후에도 18세기 후반까지 책력과 같은 몇몇 출판물을 독점적으로 발행했습니다. 스테이셔너스에 가입할 수 있었던 직종으로는 종이를 만드는 사람, 종이에 글을 인쇄하는 사람, 종이를 책으로 묶는 사람, 책을 판매하는 사람, 저작권을 가진 사람 등이 있습니다.

스테이셔너스는 '스테이셔너스 홀'이라는 건물을 중심으로 운영됐지만, ≪숙녀들의 수첩≫ 편집장들이 이곳에서 일한 것은 아닙니다. 초대 편집장 존 티퍼도 자신의 집에서 일을 하면서 스테이셔너스로부터 봉급을 받았습니다. 독자 편지는 집에 보관하기에 너무 양이 많아 스테이셔너스 홀로 도착하도록 했지만요. 지금도 스테이셔너스는 스테이셔너스 홀을 근거지로 출판과 언론계에 일하는 사람들이 교류하도록 돕고 관련 분야 지망생을 지원하는 일을 하고 있습니다.

† 갈로아 작가는 자기 작품에 지나치게 몰두한 나머지 연재 도중 영국 런던으로 여행을 강행했다. 물론 자비로. 전통의 나라 영국에는 ≪숙녀들의 수첩≫을 발간한 스테이셔너스가 아직도 죽지 않고 목숨을 부지해 설립 600년을 훌쩍 넘기고 있다.

047

첫 일감!
수고 많았다.

다음번에도 잘
부탁하마.

엥? 네?
제가요?!

제가 받은
답안지는 분명히
빈…

우리 『숙녀들의 수첩』은
영국에서 잘 나가는 잡지
중에 다섯 손가락 안에
드니까 잘 해보자고.

캐감동

3만 명이나
보고 있어

난 내일 강의
준비를 해야
해서 이만!

문 잠그고 가.

강의?

편집장님은 영국
육군사관학교에서
수학을
가르치시거든요.

호오.

1705년 발행된 『숙녀들의 수첩』 2호는
4,000부가 인쇄돼 한 달 만에 전부 팔렸다.
18세기 중반에는 판매량이 3만 부까지
늘었다. 영국에서 글을 읽을 수 있는 사람
70명 중 한 명이 잡지를 구입했다는 뜻이다.

★「숙녀들의 수첩」은 여성만 보는 줄 알았는데?!★

$$y = \frac{8a^3}{x^2 + 4a^2}$$

흉내

아녜시 교수님 같은 스타일로 독자님들을 찾아가면 카리스마가 있지 않을까?

~♪

툭

촤

작

관두자···.

'에어팟' 연결할 땐
라마르를 떠올리자

헤디 라마르

- Hedy Lamarr
- 1914~2000
- 발명가, 배우

최초로 오르가즘을 연기한 배우, 세상에서 가장 아름다운 여인, 섹스 심벌. 사람들이 자신을 이렇게 묘사할 때 할리우드 배우 헤디 라마르는 무심하게 말했다.

"나는 외모가 아니라 두뇌에 관심이 많아."

여성의 얼굴만 갖고 떠드는 할리우드가 지긋지긋했던 라마르가 해방감을 느낀 곳은 발명실이었다. 물에 넣으면 탄산음료를 만드는 알약 같은 발명품을 매일 밤 취미로 만들었다. 가장 중요한 아이디어는 제2차 세계대전이 벌어지던 1942년에 나왔다. 피난민이 탄 배가 독일 함대의 어뢰에 격침됐다는 소식을 듣고 라마르는 말했다.

"이런 시국에 할리우드에서 돈이나 벌 순 없어!"

라마르는 주요 무기인 원격 조종 어뢰의 약점을 개선하기로 했다. 그 약점이란 배에서 어뢰로 보내는 원격 신호가 적에게 쉽게 탐지된다는 거였다. 적군이 신호의 주파수만 알아내면 배와 어뢰가 주고받는 정보를 엿들을 수 있었다. 라마르는 생각했다. 주파수를 계속 바꾸면 어떨까? 적군이 주파수를 탐지해 신호를 찾아내도 그 신호가 곧 사라져버리도록 말이다.

라마르는 아이디어를 실현시키기 위해 피아니스트 조지 엔실을 찾았다. 엔실은 오르골처럼 음이 기록된 롤을 재생하는 자동 피아노를 개발하는 실험 예술가였다. 둘은 이 기술을 어뢰에 적용했다. 신호를 보내는 함대와 신호를 받는 어뢰가 같은 롤을 동시에 재생하면 같은 패턴으로 주파수를 바꿀 수 있다. '주파수 도약'이라고 이름을 붙인 이 기술은 해군이 곧장 사용하지는 못했으나, 오늘날 블루투스와 와이파이 등 무선통신의 간섭 현상을 예방하는 기술의 근간이 됐다.

박막례 할머니와
마리아 아녜시의 공통점

✦✦ 여성의 교육권 빼앗는 '어리석은 남성들'

2019년 5월 출간된 책 『박막례, 이대로 죽을 순 없다』에서 유튜버 박막
례 씨는 고작 수십 년 전에도 여성이 교육 받을 권리를 온당하게 누리
지 못했다고 하면서 아래와 같이 썼습니다.

> "아부지는 여자가 글을 알면 결혼해서도 집을 나간다며 언니들도
> 가르치지 않았다. 더군다나 나는 막내니까. 그래서 이름도 막례니
> 까 대들 수도 없었다."

박막례 씨의 경험에서 보듯 여성은 집에 머물며 가족을 돌봐야 한
다고 요구받았으며, 이런 억압은 결혼을 통해 본격적으로 시작되고 효
과적으로 작동했습니다. 여성을 집에 머물게 하는 데 방해가 되는 것은
금지돼야 마땅했습니다. 대표적으로 공부는 여성이 스스로 억압받고
있음을 깨닫고 집을 뛰쳐나갈 용기를 주는 해방의 도구였으니, 따라서
금단의 영역이 됐습니다.

이런 생각의 뿌리는 적어도 300년 이상을 거슬러 올라가 1727년
마리아 아녜시가 쓴 라틴어 연설문에도 나타납니다. 연설문에는 박막
례 씨의 '아부지'가 한 말을 되풀이하는 '어리석은 남성들'의 주장이 소
개됩니다. 이들은 여성이 공부를 했다간 "마치 거대한 공성 망치가 성

문을 깨부수듯 모든 사회와 가정이 뒤집히고 깨지는 소란이 일어날 것"이라 으름장을 놓습니다. 또 "여성들은 자유롭게 지식을 단련하는 일에서 완전히 벗어나 집안의 대소사를 관리하는 데 만족하며, 펜과 종이보다는 바늘과 방적기로 손이 바빠야 한다"면서 여성을 집 안에 묶어두려 합니다. 결혼이 본격적인 억압의 시작이라는 점도 연설문의 마지막 문장에서 나타납니다.

> "여성이 일단 결혼하면 마치 전염병에 걸린 것처럼 학문으로부터 멀어져 입을 닫아야 한다고 믿는 어리석은 남성들의 주장에 대해, 여성들은 왜 더욱 진지하게 비판할 수 없는 겁니까?"

1727년부터 2019년까지 여성을 집에 묶고 공부할 기회를 빼앗았던 주장은 300년 이상을 단단히 버텼습니다. 이런 모습을 마주하면 때로는 무력하고 허탈한 기분이 들기도 합니다. 차별의 생명력은 이토록 질긴데 변화는 더디게 느껴지니까요. 심지어 여성에게 교육받을 기회가 더 많이 주어진 오늘날에도 결혼한 순간부터는 여성이 집에 머물며 가족을 돌보아야 한다는 생각이 지치지도 않고 꿋꿋이 살아남아 있습니다.

그러나 달리 생각하면, 여성의 교육권을 옹호하는 주장 또한 그에 못지않게 지구력이 강합니다. 여성의 교육권에 대한 목소리는 상류층 여성조차 학교에 갈 수 없던 18세기를 대학에서도 여성의 얼굴을 볼 수 있는 21세기로 바꾸어놓았습니다. 18세기 유럽은 여성의 교육권을 강조하는 목소리가 고개를 들던 때입니다. 부르주아 사이에서 지식에 대한 욕망이 자라나고 인류를 무지의 구속에서 구하려는 계몽주의가 퍼지던 무렵, 몇몇 여성들은 자신도 공부할 기회를 누리겠다고 나섰습니다. 아네시의 연설문 역시 출발선을 함께 그린 손 중 하나입니다.

✦✦ 18세기에 일어난 여성 교육권 논쟁

아녜시는 여성의 교육권을 지지하는 라틴어 연설문을 매우 어린 나이에 썼습니다. 태어난 지 고작 9년 2개월이 지난 때였습니다. 연설문을 읽은 장소는 이탈리아 밀라노의 언덕 꼭대기에 있는 자신의 집이었습니다. 아녜시 앞에는 밀라노의 남성 성직자와 학자는 물론이고 밀라노를 방문한 외국인들이 자리를 차지하고 있었습니다. 그들은 밀라노에서 제일가는 부자였던 아녜시의 아버지가 정기적으로 열던 저녁 좌담회에 초대 받은 손님들이었습니다. 이 좌담회는 프랑스의 살롱과 비슷한 성격의 학술 모임이었습니다.

아녜시는 똑똑하다고 소문난 남성들 앞에서 '어리석은 남성들'을 꾸짖었습니다. 여성이 공부를 했다간 세상이 멸망할 것처럼 묘사했던 그들의 주장과 달리, 역사 속에 똑똑한 여성들이 수없이 많이 등장했음에도 아무런 소란이 일어나지 않았다는 것을 사례를 들어 보여주었지요. 멀리는 그리스 철학자 피타고라스Pythagoras가 여성 형제와 딸에게 철학을 가르쳤던 일화와 고대 이집트 알렉산드리아의 히파티아Hypatia가 수학과 철학에서 뛰어난 성취를 보였다는 사실을 소개했고, 가깝게는 1678년 귀족 여성 엘레나 피스코피아가 이탈리아 파도바 대학에서 철학 학위를 딴 소식을 소개했습니다.

어떻게 만 9세라는 어린 나이에 아녜시는 진지한 연설문을 쓸 수 있었을까요? 사실 아녜시의 연설은 라틴어 가정교사와 여러 어른들이 함께 기획한 일종의 데뷔전이었습니다. 아녜시의 라틴어 실력이 충분히 성장했다고 생각한 교사가 아녜시에게 연설문을 쓴 뒤 이를 라틴어로 번역해 좌담회에서 발표하도록 한 것입니다. 일각에서는 어른들이 연설문을 써주고 아녜시가 번역만 했을 거란 주장도 있지만, 아녜시의 연설문을 연구한 파울라 핀들렌은 "아녜시의 공부에 참여한 사람들이 참고할 문헌을 알려주고 아녜시가 연설의 구성을 마무리하도록 했을 수 있다"라고 말했습니다.

실제로 당시에는 아녜시가 참고할 만한 논쟁이 적지 않았습니다. 1723년에는 이탈리아 파도바의 지식인 모임인 '아카데미아 데 리코브라티'가 여성의 교육권에 대해 활발한 논쟁을 벌였고, 그 결과로 여러 글들이 출판되었습니다. 참고했을 만한 책도 아녜시의 집에서 발견됐습니다. 바로 이탈리아 여성 철학자 주세파 바르바비콜라가 번역해 1722년에 출판한 르네 데카르트René Descartes의 『철학 원리*Principia philosophiae*』입니다.

바르바비콜라는 번역본에서 '여성의 역할과 교육'이라는 제목의 긴 서문을 썼습니다. 그리스의 여성 철학자인 디오티마Diotima를 포함한 여러 역사적인 여성의 사례를 보여주며 여성도 교육만 받는다면 이성적 능력을 발휘할 수 있다고 주장했습니다. 그러면서 여성에게도 지적인 능력이 있다고 인정한 르네 데카르트의 철학을 널리 알리고자 했습니다. 데카르트는 아리스토텔레스와 달리 인류가 동등한 이성을 타고 났다고 강조했던 철학자입니다. 바르바비콜라는 이런 서문을 쓰며 여성들이 바느질과 패션, 예의범절 등의 관습적인 교육에만 머무르지 않기를 간절히 바랐습니다.

✦✦ 18세기 초 교육권 논쟁이 남긴 유산

물론 18세기 초기의 여성 교육권 논쟁에서 분명한 한계가 엿보이기도 합니다. 교육의 목적이 여성을 더 나은 배우자로 만들기 위한 것에 머물렀기 때문입니다. 이 시기 여성 교육 옹호론자들은 여성이 있어야 할 곳은 집이라는 것을 인정하며 여성의 지식과 교양이 남편을 더 즐겁게 할 거라고 주장했습니다. 여성은 배운 것을 떠들며 잘난 척하지 않을 것이고, 남성의 위치를 탐하려 하지 않을 거라고 거듭 말했습니다. 여성이 똑똑해지면 세상이 망할 거라 믿었던 '어리석은 남성'들을 달래려고 말이에요.

이는 아녜시의 연설문에서 잘 드러납니다. 아녜시는 "(지식을 얻기 위한) 어떤 서툰 노력도 사적인 삶의 조화를 방해하지 않을 것"이고, "아내는 교양 있는 대화를 하다 똑똑한 척 으스대지도, 공격적이지도 않을 것"이라고 썼습니다. 여성 교육이 혁명을 일으키지는 않을 것이라며 반대자들을 안심시키려고 했던 것입니다. 나아가 "학식 있는 아내의 교양 있는 대화를 반복해서 듣는 것보다 더 큰 축복은 없을 것이다"라며 교육의 목적이 더 나은 결혼 생활에 있음을 분명히 했습니다.

영국에서도 마찬가지였습니다. 다양한 계급의 여성들이 ≪숙녀들의 수첩≫을 보며 수학적 교양을 쌓는 동안 부유한 여성들은 '블루스타킹 서클'이라는 모임을 만들어 문학적 교양을 쌓고 있었습니다. '블루의 여왕'이라 불렸던 문학가 엘리자베스 몬태규Elizabeth Montagu는 블루스타킹을 이끌며 똑똑한 여성들을 집으로 불러 모아 고전을 공부하고 번역하고 글을 쓰며 문예지를 출판했습니다. 하류층 여성을 발굴해 문인으로 데뷔시키는 일도 마다하지 않았습니다. 이들은 여성이 배운다고 해서 위험해지지 않는다는 것을 몸소 보여주려 했던 '우아한' 여성들이었습니다. 우아한 만큼 저항은 소극적이었습니다. 1715년에 몬태규가 쓴 글에서 보듯이 말입니다.

"나는 두 성별의 평등을 주장하는 게 아니다. 나는 신과 자연이 우리를 하위 계급에 두었다는 걸 의심하지 않는다. 우리는 생명체의 더 낮은 부분에 속하며, 보다 뛰어난 성별에 복종하고 굴복할 의무가 있다."

보수적인 관념에 부합하는 태도 덕에 블루스타킹은 '영국의 뮤즈'라 불릴 정도로 인기와 신뢰를 얻었으나, 한 세대가 지나자 이들을 신랄하게 비판하는 여성이 등장했습니다. 그녀가 바로 오늘날 근대 최초의 페미니스트라 불리는 메리 울스턴크래프트Mary Wollstonecraft입니다. 1759년에 태어난 울스턴크래프트는 블루스타킹을 한가하게 차나 마시는 부유한 여성들이라고 비난했습니다. 몬태규를 제외하고는 모든 구성원들이 글을 쓰며 스스로 돈을 버는 여성들이었는데도 말입니다.

블루스타킹 역시 울스턴크래프트가 정숙하지 못하다며 날을 세웠습니다. 가정에서 여성의 본분을 찾는 블루스타킹과 달리 울스턴크래프트는 여러 남자와 연애를 하고 결혼 전에 임신을 해 남편 없이 아이를 낳았을 정도로 보수적인 사회에서는 이해하기 힘든 모습을 보였기 때문입니다. 이런 이유로 울스턴크래프트는 당시 영국에서 가장 유명하고 논쟁적인 여성이 되기도 했습니다.

울스턴크래프트의 사상 역시 급진적이었습니다. 몬태규가 여성의 열등성을 인정했던 것과 달리 울스턴크래프트는 여성이 열등해 보이는 것은 교육을 받지 않기 때문임을 분명히 했습니다. 그러면서 여성은 남성과 같은 이성적 존재라고 주장했습니다. 이런 주장은 최초의 근대적 페미니즘 서적으로 꼽히는 『여성의 권리 옹호 *A Vindication of the Rights of Woman with Strictures on Moral and Political Subjects*』에 잘 나타납니다. 책에서 울스턴크래프트는 "여성은 비이성적인 존재로 정치적인 삶에 적합하지 않으므로 남성에게 종속되어야 한다"는 장 자크 루소의 주장에 대해 "여성이 복종해야 할 대상은 남성이 아니라 인간 고유의 이성이다"라고 반박했습니다.

의외로 『여성의 권리 옹호』는 영국에서 큰 문제없이 널리 받아들여졌습니다. 18세기 초엽 여성들의 소극적인 저항이 없었다면 어려웠을 일입니다. 영국 사회에서 큰 인기와 신뢰를 얻었던 블루스타킹이 여성의 교육권에 대해 많은 부분 동의를 얻은 것이 바탕이 된 것입니다. 블루스타킹은 여러 가지 한계로 울스턴크래프트와 갈등을 겪었으나, 그 한계 덕에 울스턴크래프트의 사상이 어렵지 않게 공감대를 얻는 계기가 되기도 했습니다. 오늘날 성평등을 발전시키는 페미니즘 사상이 울스턴크래프트에게 빚지고 있다면, 아녜시를 포함한 18세기 초반 여성들에게도 마찬가지로 빚을 지고 있는 셈입니다.

제4화

운명의 대결

수… 숙녀들의 수첩의 독자가….

남자라니!

아저… 아니, 귀하께서 숙녀라니.

….

감쪽같은 남장이네요!

그런 거 아니야.

『숙녀들의 수첩』은 꽤나 넓은 독자층을 가지고 있거든?

우리는 수학을 공부하기 위한 교재로 쓰고 있다고.

『숙녀들의 수첩』은 남성에게도 인기가 많았다. 연구자들은 독자의 이름을 근거로 여성보다 남성이 보낸 문제와 답안이 더 많이 잡지에 실렸다고 추정한다.

그러나 이 시기 많은 독자가 실명 대신 필명을 썼고, 결혼한 여성은 성을 바꿨으며, 때때로 여성이 주변 남성의 이름으로 편지를 보냈기 때문에 수를 비교하기는 힘들다.

영국 옥스퍼드대학교 보들리안 도서관에 보관된 『숙녀들의 수첩』 중 하나에는 산수 문제 모두에 라틴어 낙서가 있다. 이 때문에 역사학자 셸리 코스타는 『숙녀들의 수첩』이 어린 남성을 교육하는 데도 쓰였다고 추정한다.

…그렇게 된 걸세.

그런데 옆에 숙녀 분은 누구신가?

아! 이 분은 라틴어를 못하는 저를 도와주시러 오셨어요.

무려 이탈리아 수학 교…!

내가 필요 없게 됐네 이 시대에 라틴어를 쓰는 변태는 아니었잖아?

하하, 여자가 라틴어에 능숙하단 말인가?

들어본 적 없는 이야기일세.

조수는 나의 제자를 따라가게. 내 제자가 문제를 줄 거야.

나는 숙녀분과 이야기를 나누고 싶소.

난 평소 남들과 수학 문제를 푸는 것을 좋아하오.

고등교육을 받았다는 숙녀분은 생전 처음 보는데 내가 그대에게 문제를 내봐도 좋겠소?

정 원하신다면야.

그보다 너,

수학, 좋아해?

자, 이게 우리 스승님이 만드신 문제야.

고마워.

수학뿐만 아니라

자연철학*에도 관심이 많아!

* 당시 과학을 부르던 말

태양계의 마지막 행성은?

토성.

혜왕성이다.
당시에는 토성까지밖에 몰랐다.

금속이 녹스는 이유는?

플로지스톤*이 빠져나가서

산소와 결합해서다.
18세기 중반은 아직 연금술을
믿던 때라 산소를 몰랐다.

* 연금술에서 제시한 불의 원소.

너…
똑똑한 걸?

다 틀렸다.

…이렇게 풀리네요.

아, 아니…!
이걸 이렇게
풀다니…!

혹시
어느 학교에서
교육을 받으셨소?

학교는
안 나왔는데요.

교수이긴
하지만.

독학만으로
이 정도
실력이라니!

그럼 지금까지 제가
문제를 풀어드렸으니

이번엔 제가
문제를 한번
내볼까요?

너…
똑똑한 걸….

그쪽도
제법이군….

그럼 계속해서
나의 순서!

『숙녀들의 수첩』에
실렸던
수학 문제야!

주어진 원뿔을 원기둥으로 자를 때,
원기둥의 부피를 최대화하는 방법을
구하여라.

열성적인 여성 독자 중
바바라 시드웨이가 보낸
문제다.

으…!

숙녀들의 수첩에는 아직 13살인 내가 풀기엔 어려운 문제가 많은데…!

모르겠다!

오래 생각하시네요.

아! 네, 조금. 집중이 안 되는지라….

저기요.

앗… 네, 넵!

자신 없으면 그냥 못 풀겠다고 해….

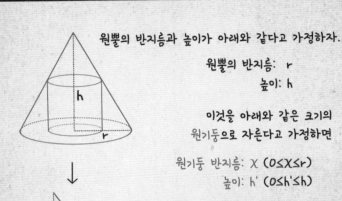

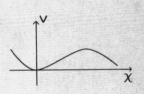

수학에서 졌어요.

그건 네가
멍청해서가 아니라
그 아이는 배웠고
너는 배우지 않아서야.

헉

교수님은 어떻게
수학 교수가
되셨나요?

한 번도 말해주시지
않았던 것 같아요.

…궁금하니?

실례가 안 된다면
조금 알고 싶어요.

**무지 궁금하다.
무지 궁금하다.
무지 궁금하다.**

뭐, 말 못해줄 거야
없지.

내가 어떻게
살아왔는지.

내가 어떻게
이 시대에 여성으로서
수학자가 되었는지.

라틴어

교수님

'노가다'로 찾은 말라리아 특효약
투유유

- 屠呦呦
- 1930~
- 약학자

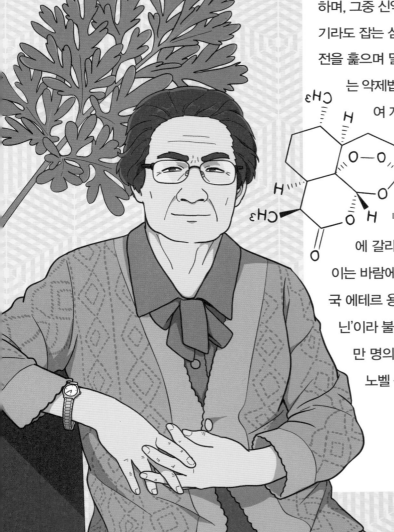

전쟁이 한창이던 1960년대 베트남. 쏟아지는 총탄보다 두려운 것이 모기였다. 모기가 약도 없는 말라리아 원충을 사람에게 옮겼기 때문이다. 원충이 혈관으로 들어가 적혈구를 파먹을 때마다 감염자는 간헐적으로 열이 올랐다. 약이 듣질 않으니 말라리아 사망자가 전쟁 사망자보다 많았다. 말라리아가 국경을 넘어 중국까지 위협하자, 중국 정부는 치료제를 개발하라는 특명을 중국전통의학회에 내렸다. 학회는 서양 약리학을 전공한 투유유를 택했다.

당시 전 세계 과학자들은 이미 말라리아 치료제를 찾기 위해 고군분투하고 있었다. 후보 물질을 찾기 위해 24만 개 화합물을 실험했고 실패했다. 원래 신약 개발은 중노동에 가깝다. 후보 물질 선별 과정에서 많게는 수백만 개까지 물질을 실험하며, 그중 신약이 될 확률은 0.01퍼센트다. 투유유는 지푸라기라도 잡는 심정으로 중의학을 뒤졌다. 중의사를 만나고 고전을 훑으며 말라리아 증상인 간헐적 발열에 효과가 있었다는 약제법을 모조리 모았다. 이천여 개 약제법에서 삼백여 개 추출물을 뽑아 쥐에게 실험했다.

조금이라도 효과를 본 것이 '개똥쑥'이었다. 투유유는 치료 효과를 개선하기 위해 고전을 다시 뒤졌고, 단서를 『주후비급방』에서 얻었다. 책은 개똥쑥을 찬물에 갈라고 설명했다. 투유유는 지금까지 개똥쑥을 끓이는 바람에 중요한 물질이 파괴됐다는 것을 깨달았다. 결국 에테르 용매로 개똥쑥을 35℃에 끓여 훗날 '아르테미시닌'이라 불리는 치료제를 추출했다. 아르테미시닌은 수백만 명의 목숨을 구했고, 투유유는 2016년 중국 최초로 노벨 생리의학상을 받았다.

여성에게 대학을 금지한 결과

✦✦ 독자들은 수학은 어떻게 공부했을까

아녜시의 다음 말처럼 18세기에 수학을 배울 기회는 쉽게 얻을 수 있는 게 아니었습니다.

"그건 네가 멍청해서가 아니라 그 아이는 배웠고 너는 배우지 않아서야."

다만 수학을 배울 기회를 얻기 어려웠던 엘리와 같은 여성의 문제만은 아니었습니다. 학교를 다닐 수 있었던 남성도 마찬가지였습니다. 학교는 라틴어 문법을 주로 가르칠 뿐 수학은 정규 과목이 아니었기 때문입니다. 성직자였던 존 뉴턴John Newton은 1677년에 "수학을 배울 수 있는 어떤 문법학교도 영국에서 들어본 적이 없다"고 썼습니다. 영국의 첫 왕립천문학자 존 플램스티드John Flamsteed조차 학교가 아니라 아버지에게 수학을 배웠습니다.

그렇다면 ≪숙녀들의 수첩≫ 독자들은 어디에서 수학을 공부한 걸까요? 아녜시처럼 부유하게 태어난 사람은 가정교사를 고용할 수 있었습니다. 혹은 플램스티드처럼 수학적 능력을 지닌 부모님에게 도움을 받을 수도 있었지요. 이도저도 아니라면 부유층 집안에 하인으로 들어가는 방법도 있었습니다. 영국사학자 신시아 화이트Cynthia White는

† 아녜시와 로라 바시가 교수로 임명된 볼로냐대학의 구 캠퍼스

≪숙녀들의 수첩≫의 독자층이 넓었던 이유로 "하인들 상당수가 독서를 위한 시설과 읽을거리에 접근할 수 있는 근무 환경에서 살았던 탓도 있다"고 썼습니다. ≪숙녀들의 수첩≫이 상당한 수학적 능력을 요구한 잡지임에도 독자층이 넓었던 이유입니다.

만화에서 엘리가 풀려던 문제도 학교의 도움을 받지 않고도 수학을 공부할 수 있었던 독자 바바라 시드웨이가 만든 것입니다. 이 문제가 실린 해는 시드웨이가 10대 소녀였을 것으로 추정되는 1714년이었습니다. 1711년에 수수께끼 문제를 풀면서 잡지에 처음 등장했던 시드웨이는 3년 동안 매년 수학 문제의 해답자 혹은 새로운 수학 문제의 제공자로 이름을 올리다 1714년에는 미적분학을 이용해야 하는 문제까지 만들었습니다. 이 문제 외에 다른 문제들도 삼각법과 입체 기하학, 지수, 조합, 물체의 부력 등의 지식이 필요했던 것으로 보아, 시드웨이가 상당한 수학적 능력이 있었음을 알 수 있습니다.

시드웨이는 어디에서 수학을 배웠을까요? 과학사학자 셸리 코스타는 ≪숙녀들의 수첩≫을 창간호부터 1754년 호까지 분석한 논문 「숙녀들의 수첩: 영국의 사회, 젠더, 수학 1704-1754*THE LADIES' DIARY: SOCIETY, GENDER AND MATHEMATICS IN ENGLAND 1704-1754*」에서 시드웨이가 친구를 통해 수학을 공부했을 거라고 추정합니다. 편지를 열심히 보내던 바로 그 시기에, 가까이 살던 2명의 소녀와 1명의 소년이 비슷한 문제의 답안을 보낸 기록이 있기 때문입니다. 서로 자매 관계이기도 했던 소녀 메리 라이트와 안나 라이트는 시드웨이와 약 15킬로미터 떨어진 곳에 살았고, 라이트 자매의 사촌인 소년 토마스 라이트는 시드웨이와 1킬로미터도 떨어지지 않은 곳에 살았습니다.

라이트 자매는 수학에 무척 뛰어나서 1709년 호의 수학 문제를 모두 풀어낸 11명 중 2명이었습니다. 이후로도 상품이 걸린 문제를 풀어서 ≪숙녀들의 수첩≫ 구독권을 여러 번 받았습니다. 이들 자매는 아버지 매튜 라이트 덕에 수학을 공부할 수 있었던 것으로 보입니다. 매튜는 옥스퍼드대학교에서 기술학 학위를 받았으며, 일식을 관측한 결과를 ≪숙녀들의 수첩≫에 제공할 정도로 천문학에 대한 지식이 깊었습니다. 즉, 수학에 쉽게 접근할 수 있었던 라이트 자매를 중심으로 토마스 라이트와 시드웨이가 함께 만나거나 편지를 교환하며 어려운 문제들을 서로 의논해 풀었을 가능성이 높습니다.

이처럼 18세기 초에는 여성 또한 남성과 비슷한 정도로 수학을 공부할 기회를 누릴 수 있었습니다. 과학사학자 테리 펠Teri Perl 역시 "18세기에 여성이 남성보다 수학에 대한 접근성이 적었다거나, 수학 교육이 확장되는 개혁적인 상황에서 여성만 특별히 배제됐을 거라고 볼 증거는 없다"고 썼습니다. 이럴 수 있었던 이유는 수학이 학문이라기보다는 무역업자와 상인, 항해자, 목수, 토지조사자, 혹은 잡지 제작자들에게 실용적으로 필요한 것으로 인식되었던 데 있습니다. 수학이 아직 학문으로서 충분한 대접을 받지 못하던 18세기 초, ≪숙녀들의 수첩≫을 읽고 문제와 답안을 보낼 정도로 뛰어난 여성들은 이처럼 분명히 존재했습니다.

✦✦ 얼마나 많은 여성이 수학 문제를 풀었을까

그렇다면 얼마나 많은 여성들이 ≪숙녀들의 수첩≫에 수학 문제와 답안을 보냈을까요? 만화에서는 여성 독자보다 남성 독자가 더 많은 편지를 보냈다고 설명했습니다. 이는 잡지의 부록에 기록된 이름이 남성적인지, 여성적인지를 따져서 나온 통계입니다. ≪숙녀들의 수첩≫은 처음 수십 년간 편지를 보낸 독자들의 이름을 부록에 실었는데, 코스타에 따르면 1704년부터 1725년까지 부록에 실린 독자 중 68.7퍼센트가 남성적인 이름이었습니다. 그중 단 7퍼센트만이 필명을 사용했으니, 남성이 여성잡지인 ≪숙녀들의 수첩≫을 보는 것을 그리 부끄러워하지 않았던 것으로 추정됩니다.

그러나 이 숫자만으로 여성의 참여가 남성에 비해 저조했다고 쉽사리 판단하기는 어렵습니다. 편집부에 편지를 보낸 여성 독자의 수가 과소평가됐을 가능성이 있기 때문입니다. 당시 영국 사회가 소위 '숙녀'들에게 정숙함을 요구했던 탓에 많은 여성들이 자신의 이름을 그대로 잡지에 올리기를 꺼렸습니다.

예를 들어, 그리스 신화에 등장하는 복수의 여신인 '아드라스테이아'라는 필명을 쓴 한 여성 독자는 "누구 손에나 들려 있는 잡지를 보는 것"에 대한 부끄러움을 호소하면서 자신의 이름을 잡지에 올리지 말아 달라고 신신당부하는 편지를 1718년 편집부에 보냈습니다. 당시 편집장이던 헨리 바이튼은 이 편지를 잡지에 소개해버렸지만 말입니다. 그러면서 "여성의 자질만이 아니라 겸손과 익살스러운 재치를 보여주는 사례"라고 언급했습니다. 바이튼이 이토록 끈질기게 그녀를 잡지에 소개하려고 했던 이유는 아드라스테이아가 훗날 일식과 달의 모양 변화를 계산해 잡지에 제공할 정도로 능력이 뛰어났기 때문입니다. 아드라스테이아는 결국 자신의 이름을 싣는 것을 허락하지만, 이 일화는 당시 여성이 스스로를 숨기려 했던 분위기를 잘 보여줍니다.

이런 탓인지 여성 독자는 남성 독자보다 더 많은 수가 필명을 썼습니다. 부록에 기록된 남성적 이름의 독자는 7퍼센트만이 필명을 썼던 데 비해, 여성적 이름의 독자는 약 33퍼센트가 필명을 썼습니다. 부록에 이름을 남기는 절차도 까다로웠습니다. 초대 편집장 존 티퍼는 1709년 호에서 "독자가 자신의 이름이 인쇄되기를 원하고 이를 알려준다면, 부록에 올리도록 하겠다"고 안내했습니다. 소위 '숙녀'들은 자신의 이름을 알리기를 꺼리는 게 당연하다고 인식했기 때문으로 보입니다. 여성에게 정숙함을 요구했던 분위기를 고려하면, 적극적으로 자신의 이름을 부록에 실어달라고 이야기하는 여성은 매우 적었을 겁니다.

그렇다면 여성 독자는 실제로 얼마나 되었을까요? 추정할 수 있는 단서가 있습니다. 바이튼은 1718년 호에서 영국 여성들의 능력에 자부심을 느끼며 "내가 많은 여성들로부터 기하학, 산수, 대수, 천문학, 철학적인 답안을 담은 편지를 400~500개 이상 받는다는 것을 알면 외국인들은 정말 놀랄 것이다"라고 썼습니다. 수학 문제가 1707년에 처음 나왔으니, 여성 독자들이 약 10년간 매년 40~50개 정도의 편지를 보냈을 거라고 추정됩니다. 그리 과장된 숫자는 아닙니다. 코스타는 이런 단서를 토대로 "1707년부터 1724년까지 편지를 보낸 여성 독자 중 약 75~90퍼센트가 잡지에 기록되지 않은 것으로 보인다"고 말합니다. 코스타가 부록을 조사한 결과, 1707년부터 1717년까지 수학 문제나 답안을 보낸 독자 중 여성으로 보이는 이름은 매년 5명밖에 등장하지 않았기 때문입니다.

✦✦ 엇갈린 라이트 가족의 운명과 심화된 불평등

아쉽게도 18세기 초 여성과 남성에게 수학 교육 접근성이 비슷하게 보장된 상황은 그리 오래가지 못했습니다. 그 원인은 라이트 자매와 바바라 시드웨이, 토마스 라이트의 삶을 비교해보면 드러납니다. 어린 시절 수학을 공부하며 함께 여가를 보냈던 이들은 성인이 되자 서로 다른 길을 걸었습니다.

소년이었던 토마스 라이트는 소녀에게는 불가능한 길을 택했습니다. 만 20세가 되던 1712년 4월에 옥스포드대학교의 하트홀 칼리지에 입학한 것입니다. 지금은 허트포드 칼리지라고 불리는 곳입니다. 토마스 라이트는 여기서 수학을 계속 공부해 3년 뒤 기술학 학사 학위를 받았습니다. 그다음 해에는 ≪숙녀들의 수첩≫에서 상품이 걸린 문제를 가장 빨리 풀어 우승자로 이름을 남겼습니다. 어린 시절 재밌어 하던 수학을 계속 공부해 관련 직업을 얻을 수 있는 길로 간 겁니다.

반면 메리 라이트는 1712년부터, 안나 라이트는 1713년부터 잡지에서 자취를 감춥니다. 잡지에 나온 모든 수학 문제를 풀어대며 열성적으로 잡지를 읽었던 과거를 생각하면 상당히 의아한 일입니다. 원인은 결혼으로 추정됩니다. 메리 라이트는 1710년과 1712년 사이에, 안나 라이트는 1714년에 결혼했습니다. 바바라 시드웨이 역시 1715년부터 잡지에 이름을 올리지 않았으며 1717년에 결혼했습니다. 혹시 아네시의 연설문에서 나왔던 "여성이 일단 결혼을 하면 마치 전염병에 걸린 것처럼 앎으로부터 멀어져 입을 닫아야 한다고 믿는 어리석은 남성들"이라는 문장이 떠오르지 않나요?

물론 '덕후'에 가까울 정도로 문제를 풀어댔던 라이트 자매는 그리 쉽게 취미를 포기하지는 않았습니다. 1713년부터는 '메리 넬슨'이라는 이름이, 1716년부터는 '안나 필로매세스'라는 필명이 잡지에 등장해 매년 한두 문제를 푸는데, 이 둘은 각각 메리 라이트와 안나 라이트와 동일 인물로 보입니다. 메리 라이트가 '넬슨'이라는 성을 가진 남자와 결혼한 점과 비슷한 이름, 결혼 시기, 등장 시기 등을 고려하면 충분히 합리적인 해석이지요. 라이트 자매는 공부의 끈을 놓지는 않지만, 푸는 문제의 수가 현격히 줄어든 것으로 보아 결혼 이후 잡지를 즐길 충분한 여유는 사라졌던 것 같습니다.

이처럼 남성이 수학을 좋아하면 대학에 가서 관련 직업을 얻을 수 있었지만, 여성은 아무리 수학을 좋아해도 이를 직업으로 삼아 사회에서 역할을 맡을 수 있는 길은 가로막혀 있었습니다. 언제나 아마추어로 머물 수밖에 없는 운명이었던 거죠. 이런 상황 속에서 수학이 점차 발전하고 유용한 도구로 인정될수록, 여성은 수학에서 소외당할 수밖에 없었습니다. 여성은 언제나 아마추어인데 수학은 독학을 할 수 없을 정도로 어려워지고, 이를 배우기 위한 고등 교육은 남성에게만 열려 있었으니까요.

이런 이유로 과학사학자 테리 펠은 18세기 초 영국에서 여성의 얼굴을 했던 수학이 시간이 갈수록 남성의 얼굴을 쓰게 된 이유를 이렇게 설명했습니다.

"남성과 여성의 수학 교육 격차가 증가했던 것은 수학이 여성스럽지 않다는 믿음 때문이 아니다. 오히려 수학 자체가 발전하며 유용한 도구로서 영국에서 인정받았기 때문이다. … 이런 의미에서 여성이 수학을 못한다는 고정관념은 원인이라기보다는 결과였던 것으로 보인다."

여성이 집이라는 사적 공간에만 머무는 한, 학문과 직업의 세계인 공적 공간에서 중요한 대접을 받는 분야는 종국엔 모두 남성의 얼굴을 하게 될 수밖에 없습니다. 관련 직종을 모두 남성이 차지할 테니까요. 18세기 이전에는 신학과 라틴어가 그랬고, 이후에는 수학과 과학이 그 자리를 꿰찼습니다. 이런 역사를 살펴보면 펠의 말대로 여성에게 기회를 주지 않아 수학 분야에서 여성을 찾아볼 수 없게 된 결과, 여성이 수학을 못한다는 고정관념이 생겼다는 해석이 가능합니다. 지금은 그 고정관념이 지나치게 굳어져 진실로 믿어지며 여성이 이공계 직업을 얻는 것을 망설이게 하는 요소로 작용하고 있습니다. 불평등한 기회가 만들어낸 결과가 불평등한 상황을 재생산하고 있는 것입니다.

아녜시의 마녀

마리아 아녜시는 '아녜시의 마녀'라는 곡선에 이름을 남겼습니다. 이 곡선은 마리아 아녜시의 책『이탈리아 청년들을 위한 미적분학』두 권 중 1권 381쪽에 등장합니다. 사실 마리아 아녜시가 처음으로 발견한 곡선은 아니고 피에르 드 페르마Pierre de Fermat와 아이작 뉴턴, 루이지 귀도 그랜디Luigi Guido Grandi가 먼저 연구한 바 있습니다.

그럼에도 마리아 아녜시의 이름이 붙은 것은 영어 번역자의 실수 탓입니다. 마리아 아녜시는 그랜디가 라틴어 'vertere(돛을 돌리는 밧줄 혹은 삼각함수의 한 종류)'에서 따와서 지은 이탈리아어 'versiera'를 그대로 썼습니다. 그런데 이 단어는 당시 이탈리아에서 '마녀'를 뜻하기도 했습니다. 존 콜슨은 책 번역을 위해 이탈리아어를 배우기 시작했기 때문에 헷갈릴 수밖에 없었습니다. 결국 'versiera'는 'witch(마녀)'라 번역됐고, 새롭게 태어난 재미난 이름이 그랜디가 제안한 이름을 제압하고 말았습니다.

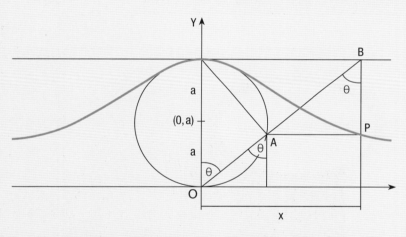

† 좌표평면에 중심이 (0,a)이고 반지름이 a인 원을 그린다. 원점 $O(0,0)$을 지나는 직선이 이 원과 만나는 점을 점 A, 직선 $y=2a$와 만나는 점을 점 B라고 한다. 그리고 점 A를 지나는 수평선과 점 B를 지나는 수직선을 그렸을 때 생기는 교점을 점 P라고 한다. 이때 원점 $O(0,0)$를 지나는 직선의 기울기에 따라 점 A와 점 B의 위치가 바뀌며, 그에 따라 점 P의 위치도 바뀐다. 점 P의 자취를 그려낸 것이 '아녜시의 마녀' 곡선이다.

아녜시는 교육열이 높고
부유한 아버지 밑에서
태어났으며

스물한 명의 남매 중
장녀였다.

스… 스물
한 명…!

아버지가 결혼을
세 번 하셨거든.

스물한 명
…!

마리아 아녜시의 아버지 피에트로 아녜시는
유럽 전 지역의 권위 있는 학자들을 집으로 초청해
논리·철학·물리·화학·생물·광물학 등을
논하는 문화 토론회를 열어
자식을 교육하고 뽐내기 위한 모임으로
활용하곤 했다.

요하네스 케플러가 예측했고
아이작 뉴턴이 증명했듯이
밀물과 썰물은….

방문객이 질문하면
어린 아녜시가 대답했다.

당시 그 토론회에 참석했던 자의
편지 기록.

철학자 (백수)
어린 소녀가 그렇게 또박또박
라틴어를 구사하는 건 처음봤어유

너 때문에 흥이 다
깨져버렸으니까 책임져.

네, 언니.

토론회 도중에
아녜시의 동생 마리아 테레사 아녜시가
들어와 곡을 연주하기도 했다.

좌
우
지
장
지
지

당시 작곡은 오직 남성의 전유물이었음에도 불구하고
아녜시의 동생은 작곡가로서 활동했다.

지금도 인터넷인가
뭔가에 검색해보면
얼마든지 내 노래를
들어볼 수 있어~.

마리아 테레사 아녜시는
18세기 유럽 작곡 분야에서
가장 높게 평가받은 이탈리아 오페라를
여섯 곡이나 작곡했다.

동생 분도 엄청난
위인이시군요.

덜
덜 덜

잘 몰랐지?

마리아 아녜시는 어렸을 때부터
외국어에 재능을 보였으며
만 5세 때부터 프랑스어를 구사했다.

바게뜨.

크루아상.

언어에 재능이 있군.
개인 강사를
고용해야겠어.

아녜시의 재능과
아버지의 교육열에 힘입어,

따봉.

야-쑤.

샬롬, 나미쉬마?

아디오스-.

이히당케이넌.

발레테~.

만 11세 때 그리스어, 히브리어,
스페인어, 독일어, 라틴어를
구사할 줄 알았다.

그래서 토론회에서
방문객의 질문에
원어로 답했다.

봉쥬르.

봉쥬르.

구텐탁

구텐탁

아버지의 교육열이
조금 지긋지긋했지만,
덕분에 많이 배울 수
있었어.

우와. 개인 강사를
도대체 어디서 구하
지? 그게 얼마야?

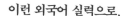
이런 외국어 실력으로,

만 9세 때는
'여성의 고등교육에 대한 권리'에
관한 주제로 한 시간 분량의
연설문을 라틴어로 작성해
출판하기도 했다.

천재다,
천재….

?

그러나 아버지의 과도한 교육열과
반복되는 토론회에 대한 스트레스,

어머니의 죽음으로 인한 정신적 충격으로
걷지도 못할 정도로 병을 앓았다.

만 20세가 되던 해, 그동안 있었던
토론 내용으로 작성한 190편의
논문을 모아 『철학적 명제』를 출판한 뒤

이런 보여주기식
사교 모임은
이제 싫어요!

전 이런 치렁치렁한
옷 말고 간단하고
편한 옷도 입고 싶어요!

1년 뒤 사교계를 떠난다.

역시
퇴사(?)가
진리야.

여유만만

아버지의 교육열이
스트레스였다고요?

이해불가

말도 마.
거의 강박증에
가까우셨던 것
같아.

그렇게 혼자서 수학 연구를 하던 어느 날.

흠, 미적분학을 공부할 만한 제대로 된 책이 없구나…. 게다가 수학 책은 죄다 라틴어야.

교과서가 다 허접해.

미적분…. 중요한 건데…!

진짜 중요한 건데!

평소 뉴턴 덕후.

그 후 아녜시는 이탈리아 학생들이 미적분을 공부할 수 있는 책을 썼다.

우선 대수학부터 알아야 미분을 하든 적분을 하든 하겠지?

수학자마다 쓰는 기호가 다른 걸. 통일해야지.

라틴어는 어려우니까 이탈리어로 쓰자. …그런데 이 용어는 이탈리어로 어떻게 번역할까?

그렇게 1748년,

마리아 아녜시는 『이탈리아 청년을 위한 미적분학』 이라는 대표작을 출판한다.

18세기 당시 미적분은 하나의 체계로 정립되지 않아 배우는 데 큰 혼란이 있었다.

뉴턴식 미분

라이프니츠식 적분

그러나 아녜시가 책으로 정리하면서 많은 사람이 쉽게 미적분에 입문할 수 있게 됐다.

이는 영국에서도 번역돼 널리 쓰이게 된다.

아녜시의 책

이 책은 교황 베네딕트 14세에게도 인정받아

마리아 아녜시는 여성 최초로 이탈리아 볼로냐대학교 수학 교수로 임명받는다.

끝!

ㅇㅇㅇ익!

뭐, 뭐니.

처음에는 교수님이 엄청난 천재라고 생각했지만

생각이 바뀌었어요.

엘리, 요즘
많이 늦는다.

여자애가
밤늦게 어딜
돌아다니는 거야?

저래서 어느 집안의
남자가 좋아할까.
쯧쯧.

그렇게 당신이 애를
잘 타이르지 않아서
저런 거예요.

으윽, 내가
교수님한테
무슨 말을
한 거지…?!

그냥 부럽다고
말하면 되는 건데.

나는 그런 집안에서
태어나지 않았다고!

이제 교수님을
어떻게 만나지….

굴쩍

다음 주가
숙녀들의 수첩
마감일인데

교수님의 도움 없이
혼자서 잘할 수 있을까?!

★교수님을 대하기 어려워진 엘리, 마감을 무사히 넘길 수 있을까?!★

기억력

미적분의 중요성

암흑물질 춘추전국시대의
문을 열다
베라 루빈

♦ Vera Rubin
♦ 1928~2016
♦ 천문학자

2016년 뉴욕타임스는 베라 루빈의 연구를 '우주론의 코페르니쿠스적 전환'이라고 묘사했다. 천동설 대신 지동설을 제안했던 코페르니쿠스에 버금갈 혁명을 우주론에 일으켰다는 뜻이다. 그 혁명이란 눈에 보이는 우주가 전부인 줄 알았던 천문학자의 시선을 다른 곳으로 돌린 것이다. 루빈은 빛으로는 찾을 수 없는 물질이 우주에 가득하다는 것을 밝혀냈다.

첫 증거는 1970년대 안드로메다은하의 별이 은하 중심을 도는 속도를 관측할 때 나왔다. 더운 애리조나 사막에서 아이스크림을 먹으며 관측하던 루빈은 결과를 보고 콘을 떨어뜨릴 뻔했다. 은하 가장자리의 별이 움직이는 속도가 너무 빨랐던 것이다. 이 속도라면, 급히 회전하는 자전거에서 몸이 날아가듯 별이 궤도에서 튕겨나가야 정상이었다. 그렇지 않고 안정적으로 궤도를 돌고 있는 것은 몸뚱이가 무거운 누군가가 별을 잡아주지 않으면 불가능했다. 루빈은 그 몸뚱이가 암흑물질이라고 결론 내렸다.

'암흑물질'은 질량은 있지만 스스로 빛을 내지도 반사하지도 않는 투명망토 같은 물질이다. 투명망토 같은 물질이라니, 터무니없다고 느낀 건 과학자들도 마찬가지여서 1933년 천문학자 프리츠 츠위키Fritz Zwicky가 그 존재를 제안했을 때 학계의 반응은 차가웠다. 루빈의 연구는 암흑물질의 첫 번째 설득력 있는 증거가 됐다. 지금 과학자들은 전 우주 질량의 95퍼센트가 암흑물질과 암흑에너지로 이뤄져 있다고 믿는다. 그 정체는 아직도 밝혀지지 않아서 전 세계 물리학자와 천문학자는 '암흑물질 찾기'를 지상 최대의 과제로 꼽고 있다.

김도윤 작가,
마리아 아녜시 생가를 찾다

✦✦ 굳이 가시겠대서 말리지 않았습니다

수학동아에서 '숙녀들의 수첩' 연재가 끝나고 얼마 지나지 않은 2019
년 2월이었습니다. 월요병에 걸린 몸을 억지로 사무실에 앉혀 타다타
닥 키보드를 치고 있는데, 메신저 창에 갈로아 작가가 떴습니다. "크흑.
기껏 마리아 아녜시가 묻힌 공동묘지까지 왔는데, 월요일은 쉬다니!"
갈로아 작가는 마리아 아녜시가 살았던 이탈리아 밀라노를 여행 중이
었습니다. 부러운 여행의 공기를 예고 없이 맡은 것도 모자라 '월요병'
이 뭔지 모를 공동묘지 관리인을 상상하니 배알이 뒤틀렸습니다.

　사회적 체면을 위해 질투심을 그대로 드러내지는 않는 대신, 자연
사 박물관으로 가서 하루를 보내겠다며 수정 계획을 야심차게 늘어놓
는 갈로아 작가에게 저는 이렇게 말했습니다. "박물관은 오늘 열었답니
까? 보통 월요일은 휴관이던데." 예상은 적중했습니다. 여느 유럽의 박
물관이 그렇듯 밀라노의 자연사 박물관도 월요일엔 휴관이었고, 갈로
아 작가의 여행 계획은 산산이 부서졌습니다. 아녜시의 동상이 있는 성
당, 아녜시가 묻힌 공동묘지, 아녜시의 흔적이 있을지도 모르는 자연사
박물관 모두 열지 않았습니다. 이 대목에서 제가 피식 웃은 건 비밀입
니다.

　갑자기 몸속 깊숙한 곳에서 양심이 꿈틀거려 실의에 빠진 갈로아
작가를 돕기로 했습니다. 밀라노에 남아 있을지도 모르는 마리아 아녜

시의 생가를 찾기 위해 검색에 열을 올렸습니다. 순진하고 열정적인 갈로아 작가를 이용해 생가의 사진을 손쉽게 얻을 생각과 생가가 시내에서 상당히 떨어진 곳에 있을 거라는 예감이 뇌를 때렸지만, 어디까지나 여행을 보람차게 만들어주기 위한 일이라는 점을 분명히 밝힙니다. 마침내 저는 17세기 초 마리아 아녜시의 할아버지가 지어서 마리아 아녜시의 아버지와 마리아 아녜시가 차례로 살았던 대저택 '팔라조 아녜시'의 위치를 알아냈습니다.

마리아 아녜시의 저택은 400년째 제 모습을 유지하고 있었습니다. 밀라노의 북동쪽 언덕 꼭대기에서 '빌라 아녜시Villa Agnesi'라는 이름의 별장으로 운영되고 있었지요. 지도를 확인한 갈로아 작가는 "매우 멀군요. 하지만 할 게 없으니 가야겠습니다"라고 말했습니다. 참고로 갈로아 작가는 자기가 그린 만화 '숙녀들의 수첩'의 피규어를 제 돈 주고 만들 정도로 자기 작품을 '덕질'하는 게 취미이신 분입니다. 마리아 아녜시의 생가를 굳이 찾아가는 것도 이상한 일은 아니지요. 두 시간 동안 기차를 타고 40분 동안 기다린 버스를 놓친 뒤 1시간 30분 동안 숲과 언덕을 걷고 걸어 갈로아 작가는 생가에 도착했습니다.

✦✦ 아녜시, 정원에서 서재로 가다

호스트의 허락으로 집을 둘러본 갈로아 작가는 정원 사진을 찍어 제게 보냈습니다. 석고로 만든 조각상을 인공호수가 둘러싸고 주위엔 나무와 잔디가 소박하게 자리 잡고 있었습니다. 이곳 정원과 거실에서 마리아 아녜시의 아버지 피에트로 아녜시는 학자와 외국인을 불러 학술적인 좌담회를 열었을 겁니다. 그 중심에 꼬마 마리아 아녜시가 앉아 '똑똑한 남성'들이 던지는 철학적인 질문에 답하고 논쟁을 벌였지요.

피에트로 아녜시가 좌담회를 연 것은 신분을 높이려는 욕망 때문이었습니다. 부유한 의류 상인이라는 지위를 뛰어넘어 귀족이 되고 싶

† 이탈리아 밀라노의 북동쪽 언덕 꼭대기에 있는 아녜시의 생가 † 마리아 아녜시의 생가 내부, 갈로아 작가가 직접 만든 아녜시와 엘리

었기 때문에 이를 가능케 할 권력이 있는 성직자와 법률가를 불러 모으려 했습니다. 마리아 아녜시는 이들을 유혹할 일종의 구경거리였습니다. 상류층 소년만 학교에서 배우는 라틴어와 고전, 외국어를 가정교사에게서 배운 마리아 아녜시는 좌담회에서 6개 언어를 구사하며 연설과 논쟁을 해 '여섯 개의 혀를 가진 연설가'로 이름을 떨쳤습니다. 그 내용보다는 성별이 여성이라는 사실에 방문객은 놀랐고, 신기한 소녀에 대한 소문이 유럽 각지에 퍼져 밀라노 방문객들은 꼭 이곳을 순례했다고 합니다.

갈로아 작가가 보낸 두 번째 사진은 마리아 아녜시의 초상화였습니다. 캐릭터를 구상할 때 참고했던 그림이 생가에 걸려 있어 갈로아 작가는 상당히 흥분한 상태였습니다. 초상화에서 마리아 아녜시는 진주 귀걸이를 한 채 털목도리를 두르고 있지만, 머리는 당시 상류층 여성치고는 단정하고 편한 모습입니다. 마리아 아녜시가 얼굴 마담으로서의 역할을 은퇴하겠다고 아버지에게 선언하며 거추장스러운 옷과 장신구를 벗어던진 영향이 엿보입니다. 이후에도 마리아 아녜시는 이따금 자신을 보고 싶어 하는 방문객을 위해 좌담회에 얼굴을 비치기는 했지만, 깔끔하고 편한 옷을 입고 머리를 단정하게 올렸습니다. 주요 생활 장소도 사교 무대가 아니라 서재가 되었습니다.

마리아 아녜시의 서재는 시끌벅적한 정원과 거실에서 멀리 떨어진 곳에 만들어졌습니다. 가족들이 기도를 올리는 조용하고 한적한 곳이었습니다. 수학은 상류층의 대화에서 거의 언급되지 않는다는 가정교사의 경고에도 마리아 아녜시는 자연철학 공부를 그만두고 수학을 연구하는 길을 선택했습니다. 더 이상 사교 무대는 신경 쓰지 않겠다고 다짐했기 때문입니다. 이후 오랜 시간 동안 책을 수집하고 지식을 넓힌 결과, 마리아 아녜시의 서재는 점점 커져서 위쪽에 있는 책은 사다리 없이 꺼낼 수 없는 지경에 이르렀습니다. 공부를 시작한 지 십여 년이 지난 1752년에는 400여 권의 책이 모여 웬만한 대학 교수의 서재와 비슷한 크기로 확장됐습니다.

✦✦ 아녜시가 교과서용 미적분학 책을 쓴 이유

마리아 아녜시가 아버지에게 당돌하게 퇴사 선언을 했을 때, 두 가지 요청이 더 있었습니다. 하나는 밀라노 중심가에 있는 산 나지로 성당에 자유롭게 갈 수 있도록 해달라는 거였고, 나머지 하나는 '오스페댈레 마조레'라는 공공 병원에서 아프고 가난한 여성을 돕는 봉사 활동을 할 수 있도록 허락해달라는 거였습니다.

마리아 아녜시가 이런 활동에 관심을 가진 것은 성직자였던 가정교사들에게 영향을 받아 독실한 가톨릭 신자가 되었기 때문만은 아니었습니다. 팔라조 아녜시 주변에는 귀족의 저택만이 아니라 사창가와 공방, 사람들이 지나치게 밀집된 주거지역 등이 있었습니다. 이들은 가난과 질병으로 고통 받고 있었습니다. 뿐만 아니라 1701년부터 1714년까지 이어진 스페인 왕위 계승 전쟁에 밀라노도 휩쓸려 전쟁의 아픔이 아직 남아 있었습니다. 구걸하는 노숙자의 비율이 이즈음 5퍼센트에서 20퍼센트까지 치솟았습니다. 마리아 아녜시의 가정교사 중 한 명은 1739년에 보낸 편지에서 밀라노 거리에 아픈 사람들이 얼마나 즐비한

지 설명하기도 했습니다.

시민들의 고통을 눈과 귀로 목격한 마리아 아녜시는 이를 외면할 수 없었습니다. 당시 상류층 여성들은 가까이하는 게 적절치 않다고 생각하던 자선단체와도 일을 하기 시작했습니다. 가톨릭 자선학교 '더 스쿨스 오브 크리스찬 독트린The Schools of Christian Doctrine'에서 휴일과 일요일마다 가난한 소녀들을 가르쳤습니다. 교회 구석 벤치 옆에 선 마리아 아녜시는 영락없이 소녀들에게 둘러싸인 채 성경과 읽기, 숫자를 강의했습니다. 일주일에 두 번은 공공병원을 방문해 만성 질환에 걸린 여성들을 도왔습니다. 그중 갈 곳 없는 환자를 집으로 자꾸 데려오는 바람에 아버지에게 숙식을 제공할 환자의 수를 제한당하기도 했지요.

『이탈리아 청년들을 위한 미적분학Instituzioni analitiche ad uso della gioventù italiana』을 쓰기로 결심한 것도 이 같은 삶의 지향과 다르지 않았습니다. 교육에 관심이 많았던 마리아 아녜시는 수학을 청년들이 배워야 할 필수 과목이라고 여겼습니다. 교회의 소년과 소녀들이 수학의 명확함을 통해 진리에 더 가까이 다가서기를 바랐습니다. 특히 여러 수학 분야 중에서도 해석학을 배워야 한다고 생각했습니다. 해석학이란 17세기부터 크게 발전하기 시작한 수학 분야로, 무한대와 무한소, 무한히 가까움 등의 무한 개념을 미분과 적분 등의 방법을 통해 연구합니다.

마리아 아녜시는 해석학을 가르칠 선생님이 거의 없는 데다 관련 자료도 이런 저런 책에 흩어져 있다는 점을 안타깝게 생각했습니다. 이런 이유로 '이 책만 보면 미적분학 완성!'이라고 할 만한 교과서를 썼습니다. 이 책의 독특한 점은 당시 미적분학을 둘러싼 논쟁을 살피면 짐작할 수 있습니다. 18세기 초 유럽의 수학자들은 뉴턴이 미적분학을 먼저 발명했다고 주장하는 영국계와 고트프리트 라이프니츠Gottfried Leibniz가 미적분학을 먼저 발명했다고 주장하는 대륙계로 나뉘어 싸우고 있었습니다. 지금은 뉴턴이 미적분학을 먼저 발명하고도 출판하지 않았으며 그 사이에 라이프니츠가 독자적으로 미적분학을 발명했다고 인정되지만, 당시에는 서로가 서로를 표절이라 주장하며 으르렁댔습니다. 각 이론의 장점을 서로 배우며 발전시키는 대신 서로를 배척하기 바쁜 시기였습니다.

마리아 아녜시는 이런 소모적인 논쟁에 휘말리지 않았습니다. 여성이라 주류에 속하기는커녕 대학 입학도 어려웠던 것이 오히려 학계의 눈치를 보지 않아도 되는 상황을 만들었을 수도 있습니다. 마리아 아녜시는 논쟁과는 상관없이 종교적 신념을 따르면서도 미적분학을 쉽게 설명하기 위한 길을 택했습니다. 기하학이 수학적 명확성의 모범이라 여겼기에 뉴턴의 기하학적 미적분학 이론을 주로 다루되, 편리하고 이해하기 쉬운 라이프니츠의 표기법을 사용했습니다. 또 학술적인 책에 사용되던 라틴어 대신 평범한 사람들에게 편한 이탈리아어를 썼습니다. 이런 노력에도 뉴턴 지지자가 득실거리던 영국에서는 모든 표기가 뉴턴식으로 바뀐 채 영어 번역본이 출판되긴 했지만 말입니다.

1748년 책이 출판되자 곳곳에서 찬사가 나왔습니다. 영국은 물론이고 라이프니츠 지지자가 많은 프랑스에도 번역본이 출판됐습니다. 이탈리아와 프랑스, 영국 학계 곳곳에서 책에 대한 칭찬이 자자해지자 교황 베네딕트 14세 또한 책의 우수성을 높이 사며 축하 편지를 마리아 아녜시에 보냈습니다. 1750년에는 마리아 아녜시를 이탈리아 볼로냐대학교의 수학 교수로 임명하겠다는 편지를 썼습니다. 교황의 뜻은 10월 5일 이탈리아아카데미 회의에서 선언되며 마리아 아녜시는 세계 최초의 여성 수학 교수가 됩니다.

이 일화에 대해 아버지인 피에트로 아녜시가 볼로냐대학교 수학 교수로 일하며 힘을 썼다거나 1740년대에 피에트로 아녜시가 볼로냐를 방문한 것이 수상하다는 악소문도 있습니다. 그러나 피에트로 아녜시가 볼로냐대학교의 수학 교수였다는 것은 사실이 아니며, 교수 임명이 교황의 뜻이었다는 점 또한 분명합니다.

제6화
수학자가 타는 말은 페르마?

으윽, 자고 싶다!

『숙녀들의 수첩』 마감 중!

제길… 만약 지금 편집장을 때려치면….

한숨도 못 잠.

…퇴근해도 되는데!

이제 내일이면 인쇄를 넘겨야 하는데….

무려 다섯 쪽이 아직 새하얀 백지!

마치 저의 머릿속처럼!

편집장님! 큰일이에요!

엘리, 마감 중에 큰일이라니 불안한 소식이구나!

마치 저의 새하얀 미래처럼…!

새하얀 월급봉투…!

진정해, 엘리.

진정하라니까.

수수께끼 파트가 백지인 거 말하는 거지?

수수께끼 파트의 원고는 이 주소를 찾아가면 '또 다른 편집장'에게 받을 수 있어.

『숙녀들의 수첩』은 수학 문제 파트와 수수께끼 파트로 나뉘어 있었다. *2화 참조.

찾아가서 받아줘!

난 여기 남아서 수학 문제 파트 교정을 끝내고 있으마!

산뜩!

휙

또 다른 편집장…?

토마스 심슨께서 편집'장'이면 다른 분은 편집'자'이시지 또 다른 편집'장'은 또 뭐람?

끼익

저기요~.

똑똑

누구요?

저는 수수께끼를 좋아해서요.

몇 개 더 내볼게요.

….

나는 항상 여행을 하지만 항상 집에 있어요.

나는 어디를 가든 이웃에게 도둑질을 당하죠.

저의 생김새는 구부러져 있지만* 보기에는 좋죠.

* 원문에서는 'crooked'로, '불쾌한'이라는 뜻도 있다.

…제가 격분할 때는 부풀어 오르고 빨갛게 변하죠.

어느 누구도 앞으로 나아가는 저를 막을 수 없어요.

나는 누구일까요?

…그것은….

1704년, 『숙녀들의 수첩』 초대 편집장 존 티퍼가 발간한 창간호에서

수수께끼파트 11번에 해당하는 문제로

답은 '강'이 분명합니다.

또박   또박

정답!

그나저나 부인께서 어떻게 이 문제를?!

쉿! 수수께끼를 하나 더 내볼게요.

099

런던에서 살면서 수수께끼를 만드는 일을 하죠.

이 수수께끼는 여성을 위한 수학 잡지에 실려요.

농담을 좋아하고 유쾌하다는 소리를 자주 들어요.

지금은 그 잡지의 조수와 같이 있죠.

….

나는 나이가 많은 할머니예요.

나는 누구일까요?

벌떡

…!!

부인께서 『숙녀들의 수첩』의 또 다른 편집장님이셨군요!

예상한 모습.

정답입니다!

또 다른 편집장님이 여성이셨다니!

엘리자베스 바이튼.
1743년에서 1759년까지 16년 동안 숙녀들의 수첩의 공동 편집장이었다.

100

억ㅋㅋㅋㅋㅋㅋ 진짜 끝까지 재밌으셔.

ㅋㅋㅋ알겠어요. 다음번에는 예전 『숙녀들의 수첩』 이야기도 들려주세요!

원고나 무사히 잘 전달해요.

『숙녀들의 수첩』 편집장님이 여성분이신 것도 놀랐지만

정말 재밌고 유쾌하신 분이시잖아!

마리아 아녜시 교수님과는 또 다른 매력을 지닌 분 같아!

이제 편집부로 돌아가서 편집장님에게 원고만 전달하면 퇴근하는 건가?

…가다가 아녜시 교수님을 마주치진 않겠지?

지난번에 그렇게 화를 내놓고 대뜸 만나기는 좀….

하긴 런던은 넓으니까 그럴 리가….

101

아오으앍앗
깜짝이야!

뾱

끼요오옷

헉!

???

교… 교수님!
죄송해요!

안절부절

맨날 또,
똑같이 맞네….

악감정이 있는 건
잘 알겠는데
맞고 살긴 싫단다,
엘리야….

아니에요!

악감정 같은 게… 아니에요!

그… 그저 깜짝 놀라서…. 지난번에 제가 잘못한 것도 있고.

히끅

그… 그게….

히끅

으윽, 갑자기 왜 이렇게 눈물이 나지?

후다닥

으앙!

음?

이렇게 도망치면 안 되는데!

으아앙

제대로 사과를 드려야 하는데! 어떡하지?!

마감은 대체 언제?

어찌어찌 원고는 전달해 마감 끝.

★엘리, 아녜시 교수님과 오해를 풀고 다시 친해질 수 있을까?!★

드립 받아치기

작용 반작용

판타지가 현실로,
최초의 흑인 여성 우주비행사
메이 제미슨

♦ Mae Jemison
♦ 1956~
♦ 우주 비행사, 교육자, 의사

20세기 중반 미국엔 흑인민권운동이 활발하게 일어났다. 1955년 앨라배마주에서 로자 파크스Rosa Parks가 백인에게 자리를 비켜주라는 버스 기사의 요구를 거절했다는 이유로 체포를 당한 것이 시작이었다. 이 사건이 발생한 지 1년 뒤 같은 주에서 메이 제미슨이 태어났다. 변화의 파도가 몰아치는 한복판, 제미슨은 드라마 〈스타트렉〉을 보았다. 흑인 여성 배우가 하녀도 아니고 청소부도 아닌 통신 장교 '우후라'로 나왔다.

그저 판타지였을까? 사람을 우주로 보내는 일로 세상이 떠들썩할 때 우주비행사가 꿈이던 제미슨은 입을 다물었다. 아폴로 계획에 여성은 없었기 때문이다. 옅어진 꿈이 선명해진 것은 의사가 되어 해외 의료 봉사를 마친 1985년의 일이었다. 최초의 여성 우주비행사 셀리 라이드Sally Ride가 우주비행을 한 것을 보고 제미슨은 나사에 도전장을 던졌다. 온갖 시험을 거쳐 1987년 최초의 흑인 여성 우주 비행사가 됐다.

1992년 9월 12일, 제미슨은 인데버 호를 타고 우주로 향했다. 불안과 스트레스를 조절하도록 돕는 기기인 바이오피드백을 실험하고 올챙이가 무중력 상태에서 어떻게 생장하는지 관찰했다. 지구로 돌아와서는 과학자를 꿈꾸는 소수자를 지원하는 회사를 차리고 100년 안에 인류를 태양계 밖으로 보내자는 '100년 스타십 프로젝트'를 운영했다. 1993년 제미슨은 〈스타트렉〉에 팔머 중위로 등장했다. 실제 우주인으로는 처음이었다. 여성에게 롤모델이 부족하던 때, 현실을 바꾼 건 판타지였다.

유일한 여성 편집장,
엘리자베스 바이튼

✦✦ 역사학자도 몰랐던 여성 편집장

≪숙녀들의 수첩≫이 발간된 140여 년간 여성 편집장은 단 한 명, 엘리자베스 바이튼Elizabeth Beighton이었습니다. 여성 편집장이 있었다는 사실은 200여 년간 알려지지 않았습니다. 적어도 20세기 후반까지 역사학자들은 엘리자베스 바이튼이 편집장의 조수이거나 아주 짧은 기간만 임시로 숙녀들의 수첩을 관리했다고 오해했습니다. 실제로는 1743년부터 1759년까지 무려 16년 동안 스테이셔너스가 공식적으로 인정한 공동 편집장이었음에도 말입니다.

오해의 발단은 1775년에 나온 문제 모음집인 『수첩의 모음집*The Diarian Miscellany*』입니다. 당시 편집장이던 찰스 허튼Charles Hutton은 책을 내면서 서문에 역대 편집장을 소개했는데, 수학 파트를 담당하지 않았던 엘리자베스 바이튼을 쏙 빼버렸습니다. 엘리자베스 바이튼은 두 번째 편집장이던 헨리 바이튼의 '쾌활한 아내'로 수수께끼 파트를 도왔다고만 소개됐습니다. 책에 나타난 역대 편집장은 1705년~1713년 존 티퍼, 1714년~1744년 헨리 바이튼, 1745~1753년 로버트 헤스Robert Heath, 1754년~1760년 토마스 심슨Thomas Simpson뿐이었습니다.

이후 역사가들은 ≪숙녀들의 수첩≫이 창간되고 폐간될 때까지 쭉 남성이 편집장을 혼자서 도맡았다고 믿었습니다. 여성의 참여를 최초로 진지하게 분석한 과학사학자 테리 펠조차 1975년 논문 「숙녀들의 수첩 혹은 여성들의 책력, 1704~1841」을 발표하며 엘리자베스 바이튼이 1743년부터 1745년까지 임시로 편집장을 맡았다고 잘못된 정보를 기록했습니다. 찰스 허튼이 엘리자베스 바이튼에 대한 정보를 구하기 힘들었든, 아니면 여성이 편집장이었을 수 있다는 상상을 하지 못했든 간에 '수첩의 모음집'은 엘리자베스 바이튼이 오랜 기간 외면 받은 계기가 됐습니다.

✦✦ 편집장 자리를 지키기 위한 고군분투

테리 펠의 논문 내용과 달리, 엘리자베스 바이튼은 편집장 자리를 고작 2년 만에 넘길 만큼 호락호락한 여자가 아니었습니다. 오히려 경쟁자는 물리치고 조력자를 찾아내며 16년이라는 긴 임기를 지킨 전투적인 편집장이었습니다. 남편인 헨리 바이튼이 30년간 편집장 일을 하다 1743년 호를 채 완성하지 못하고 돌연 사망했을 때, 엘리자베스 바이튼은 못 다한 잡지를 완성해 인쇄하고 배포했습니다. 오랜 기간 남편 옆에서 수수께끼 파트를 도맡아 잡지를 함께 만들었기에 가능한 일이었습니다. 스테이셔너스가 엘리자베스 바이튼에게 편집장 업무를 준 것은 합리적인 결정이었던 셈입니다.

그러나 엘리자베스 바이튼은 공식 직함을 얻은 뒤에도 2년 이상 이 자리를 위협받았습니다. 1746년, 일출 시각과 달의 모양 등을 계산해주던 수학자 토마스 쿠퍼에게 보낸 편지에서 엘리자베스 바이튼은 자신의 적수와 "힘든 투쟁"을 겪고 있다고 토로했습니다. 잡지에 '할리데이F. Holliday'라는 이름으로 편지를 보냈던 남자에 대해 "숙녀들의 수첩을 빼앗으려고 꽥꽥거리는 할리데이의 목소리는 관대한 마음으로 들어도 혐오스럽다"고 불평했습니다.

경쟁자에게 지지 않기 위해 엘리자베스 바이튼이 시급하게 해결해야 했던 문제는 수학 파트를 도와줄 사람을 찾는 일이었습니다. 독자가 보낸 수학 문제와 답안 중 어떤 것이 잡지에 실을 만한지 결정할 정도로 수학적 능력이 있는 사람이 필요했던 겁니다. 이처럼 다른 사람에게 수학 파트의 편집을 맡긴 편집장은 엘리자베스 바이튼이 처음은 아닙니다. 헨리 바이튼 역시 죽을 때까지 잡지 제작을 총괄하기는 했으나, 임기 후반부에는 자신보다 뛰어난 수학자였던 안소니 태커에게 수학 파트의 편집을 맡겼습니다.

안소니 태커는 1744년에 30세라는 젊은 나이로 세상을 떠나는 바람에 계속해서 수학 파트를 맡을 수 없었습니다. 엘리자베스 바이튼은 다양한 수학자에게 편지를 보내 도움을 청했습니다. 이 중에는 훗날 ≪숙녀들의 수첩≫의 편집장이 되는 토마스 심슨도 있었으나, 당시에는 부탁을 거절했습니다.

결국 성격이 불같기로 소문난 수학자 로버트 해스가 나서기로 했습니다. 1737년 호부터 ≪숙녀들의 수첩≫에 수학 문제와 답을 보냈던 로버트 해스는 뒤끝이 있고 시비를 걸기 좋아해 자주 논란의 중심에 섰던 인물입니다. 한 번은 토마스 심슨에게 수학적인 조언을 구하는 편지를 보냈다가 거절당하자, 앙심을 품고 뒷담을 퍼뜨리기 시작했습니다. 이를 고자질 하는 편지를 1737년 한 수학자가 토마스 심슨에게 아래와 같이 보냈습니다.

"로버트 해스가 당신이 자기 이론을 베꼈다고 거짓말을 하고 다닙니다. 원 안에 다각형을 그릴 때, 다각형의 면적을 최대로 하는 방법에 대한 이론 말입니다. 지수함수 모양의 검으로 당신의 머리를 잘라버리겠다고 위협하기도 했습니다. 로버트 해스가 당신에게 풀어보라고 했다는 그 지수함수 말입니다. 아마도 이 함수인 것 같은데…."

이렇게 로버트 해스가 사고를 칠 때마다 엘리자베스 바이튼은 사과 편지를 쓰게 하는 등 중재에 나섰으나 역부족이었습니다. 결국 8년 만에 스테이셔너스는 로버트 해스를 해고하고 토마스 심슨을 새로운 공동 편집장으로 고용했습니다. 다행히도 엘리자베스 바이튼 역시 수수께끼 파트를 맡으며 공동 편집장 자리를 유지했습니다. 이후 1759년까지 8년간 엘리자베스 바이튼과 토마스 심슨은 각자의 집과 근무지에서 ≪숙녀들의 수첩≫을 공동으로 편집했습니다.

✦✦ 헨리 바이튼과 여성 독자의 소외

이 시점에서 엘리자베스 바이튼의 남편인 헨리 바이튼이 이끈 변화를 짚으면 좋겠습니다. 여러 과학사학자들은 헨리 바이튼이 무려 30년간 ≪숙녀들의 수첩≫ 편집장을 지내며 잡지의 정체성을 바꿔놓았다고 평가합니다. 초대 편집장 존 티퍼가 일하던 시절에는 수학 문제가 대부분 머리를 싸매면 풀 수 있는 산수 문제가 많았기 때문에 사람들은 ≪숙녀들의 수첩≫을 '심심풀이용 퍼즐 잡지' 정도로 여겼습니다. 그러나 헨리 바이튼을 거치며 ≪숙녀들의 수첩≫은 명실상부 '진지한 아마추어 수학자'를 위한 잡지로 자리 잡게 됩니다.

이는 ≪숙녀들의 수첩≫이 더 진지해지기를 바랐던 헨리 바이튼의 희망이 반영된 결과입니다. 1720년 호 서문에서 헨리 바이튼은 독자들을 '수학적이고 언어적인 도전을 즐기는 사람'으로 묘사하며 잡지가 독자들의 지적인 능력을 발전시킬 거라고 썼습니다. 존 티퍼가 어려운 수학 문제를 최대한 피하려고 했던 것과 달리, 헨리 바이튼은 미적분학처럼 최신 수학 지식이 필요한 문제를 적극적으로 실었습니다. 임기 말에는 수학 문제의 난이도가 상당히 높아져서 훗날 ≪숙녀들의 수첩≫만 보고 독학해 수학자가 된 사람이 등장할 정도가 되었습니다.

헨리 바이튼이 잡지에 학문적인 진지함을 더하려 했던 이유는 자신이 속한 계층을 염두에 두었기 때문인 듯하다고 과학사학자 셸리 코스타는 추정합니다. 헨리 바이튼은 토지 소유자의 아들로 태어나 토지 측량사이자 공학자로 일했습니다. 탄광에서 사용하는 스팀 엔진을 개발했을 땐 우수성을 인정받아 왕립학회 회원으로 선출되기도 했습니다. 이처럼 학자층에 속했던 헨리 바이튼은 계급이 낮은 여성도 보는 대중 잡지를 출판하고 있다는 사실이 부끄러웠던 듯합니다. 익명으로 편집장 직위를 유지했을 뿐만 아니라, 학식 있는 남성들을 ≪숙녀들의 수첩≫의 독자로 끌어들여 잡지의 격(?)을 높이려고 했습니다. 여성도 어려운 수학 문제를 풀 수 있다고 강조하면서도 말입니다.

그러나 두 마리 토끼를 모두 잡겠다는 선언과 달리, 헨리 바이튼의 노력은 때로 여성 독자를 소외시키는 결과로 이어졌습니다. 대표적인 사례가 라틴어를 잡지에 도입한 것입니다. 헨리 바이튼은 1717년 호 서문을 라틴어 문장으로 마무리한 데 이어 1718년에는 익명의 남성 독자에게서 온 라틴어 편지를 실었습니다. 당시 라틴어는 상류층 소년이 다니는 학교에서 주로 가르쳤으며, 상류층 여성조차 배울 기회를 쉽게 얻지 못했습니다. 남성과 여성을 가르는 상징과도 같았던 라틴어를 헨리 바이튼이 잡지에 사용한 것입니다.

여성지에 라틴어가 등장하는 게 어색하다는 것을 독자들이 알아채지 못할 리 없었습니다. 1718년 호를 본 한 남성 독자는 라틴어를 모르는 여성 독자들에게 '봉사'하기 위해 해당 편지를 영어로 번역한 뒤 운문 형식으로 바꾸어 편집부에 보냈습니다. 운문 형식으로 바꾼 이유는 당시 운문이 소위 '여성적인' 문체로 여겨졌고, 이 때문에 ≪숙녀들의 수첩≫의 정체성을 이루는 중요한 요소가 됐기 때문입니다. 존 티퍼는 여성적인 이미지를 잡지에 부여하기 위해 모든 문제를 운문 형식으로만 받았습니다. 남성 독자가 보낸 영어 번역본은 이렇습니다.

…(숙녀들의 수첩은) 읽기에 가치가 있습니다. 잘 양육되고 널리 배운 자들에게도 말이지요. 주로 여성을 위해 만들어진 것임에도 불구하고… 남성에게도 대단한 가르침을 줍니다.

편지의 내용에서 알 수 있듯 헨리 바이튼이 라틴어 편지를 실은 것은 학식 있는 남성에게도 ≪숙녀들의 수첩≫이 도움된다는 것을 강조하고 싶어서였습니다. 실제로 1718년 호 서문에서는 "성직자조차 숙녀들의 수첩이 가치 없는 것이라고 생각하지 않는다는 것을 보여주기 위해 편지를 실었다"고 쓰기도 했습니다.

이런 소동에도 헨리 바이튼은 라틴어를 쓰는 일을 멈추지 않았습니다. 급기야는 라틴어 수수께끼를 싣는 바람에 독자들의 거센 항의에 부딪혔습니다. 편집장이 혼자 쓰는 서문과 달리 수수께끼는 인기가 많은 코너였기에 여성 독자들이 참을 수 없었던 겁니다. 해결책은 라틴어를 없애는 게 아니라 파트를 나누어 수수께끼의 라틴어판을 따로 싣는 방향이 되었습니다. 헨리 바이튼은 이런 결정에 대해 "숙녀들을 위한 이 잡지에 존경을 표시한 남성 독자의 의도를 고려해야 한다"고 1720년 호 서문에서 해명했습니다.

라틴어만이 아니었습니다. 운문 형식이었던 수학 문제 사이에 산문 형식의 문제들이 1730년부터 등장하기 시작했습니다. 헨리 바이튼의 임기가 끝난 직후인 1745년에는 거의 대부분 수학 문제가 산문 형식이 됐습니다. 꾸밈이 많은 운문체에 비해 단조롭고 명쾌하게 쓰였던 산문체는 당시 남성들에게 어울리는 문체로 여겨졌습니다. 이런 과정 속에서 1720년대부터 부록에 수학 문제 기여자로 이름을 올린 여성의 수는 현저히 줄어들었습니다.

과학사학자 론다 쉬빈저는 『두뇌는 평등하다』에서 ≪숙녀들의 수첩≫이 라틴어와 산문체를 받아들이며 남성적인 이미지를 얻게 된 과정이 유럽에서 여성의 과학적 능력에 대한 인식이 변화하는 과정과 함께 일어났다고 설명합니다. 18세기 초에는 여성도 남성처럼 교육을 받으면 뛰어난 지성을 가질 수 있다는 주장이 곳곳에서 나왔지만, 18세기 중반과 후반을 지나며 반대 주장이 힘을 얻기 시작했습니다. 오늘날 여성이 과학적 능력이 부족하다는 고정관념 또한 이런 인식 변화에 큰 영향을 받았습니다. 이에 대한 이야기를 책 후반부에서 들려드리도록 하겠습니다.

제7화

미션 임파서블! 대학에 잠입하라, 엘리!

휴-, 오랜만이다. 1759년이 끝나가는구먼!

아, 편집장님 마감 이후로 오랜만이에요!

휙

이번 스웨덴 학회는 어땠어요?

린네라는 사람이 있었는데…. 그 뭐더라.

『숙녀들의 수첩』 편집장 토마스 심슨은 스웨덴 왕립학회 외국인 회원이다.

생물마다 라틴어로 된 학명이라는 걸 붙여 부르자고 하더군.

사람을 '호모 사피엔스'라고 부르자 하지 뭐냐.

외워둬야지.

그나저나,
그동안 『숙녀들의 수첩』
신간은 많이 팔렸나?

내가 보기엔
예전에 로버트 헤스가
편집장일 때보다
잘 만든 것 같은데.

토마스 심슨은
3대 편집장 로버트 헤스와
사이가 좋지 않았다.

조마
조마

네! 완전
많이 팔렸어요!

깜짝

예전 편집장님 때보다
평가도 좋고
판매수도 늘었어요!

…

으쓱

좋아죽음

그러면 저는
청소도 다 했고
볼 일이 있어서 이만.

오늘은 좀
늦었네요.

오늘은 편집장님이
돌아오시는 날이라
청소를 좀 했거든요.

달
칵

편집장이
일도 안 하고
해이하구먼.

맞다!

뜨
끔

엘리자베스 바이튼은 2대 편집장
헨리 바이튼의 아내이며,
토마스 심슨과 껄끄러운 관계였을
가능성이 높다.

남편이 죽자
엘리자베스 바이튼은,

로버트 헤스라는 수학자에게
도움을 청해『숙녀들의 수첩』을
만들었지만, 로버트 헤스는
출판부와 갈등을 겪었고,

ㅂㄷㅂㄷ.

결국 출판부는
토마스 심슨을 편잡장으로
정했다.

이 고오얀 것…. 예전에
도와달라 할 때는
안 도와주더니만.

쯧 쯧

으윽, 민감한 부분을
건드린 것 같다.

저, 오늘도
수학 공부하다
궁금한 거
여쭤보고 싶어요!

화
제
전
환

오늘도
가르쳐 줄 수
있는 것까진
가르쳐 드리리다.

이해되나요?

우와, 대박 대박!

까르르

부인은 어떻게 이렇게 수학을 잘 하실 수 있죠?!

감탄

남편이 수학을 잘했으니까요.

아.

시무룩

으흑흑···. 그러면 저는 어떻게 해야 수학 공부를 할 수 있는 거죠···.

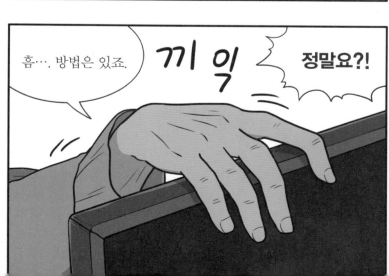

흠···. 방법은 있죠.

끼익

정말요?!

요런 방법들을 생각해볼 수 있어요!

1. 부모님이 개인강사를 붙여주신다.
2. 수학을 잘하는 남자와 결혼한다.
3. 독학한다.
4. 학교를 다닌다.

척

오오오옷!

정말 재밌는
아이디어네요,
후후.

남자 옷 제공
감사합니다!

샤
라
랑
〜

남장하고 몰래 들어가
대학 수업을
들어보는 거야!

죽은 남편의
옷이에요.

조심히 입고
오겠습니다.

에이 뭐,
막 입어요, 막.

템즈강 너머
대학이 하나
있었지?

좋아.
가보는 거야.

흠흠, 정말
짜릿한 기분인걸.

짜
릿

저기요?

음?!
익숙한 목소리?!

흠... 흠...
부인....
아니,
아가씨.

강을 따라 서쪽으로
내려가시면 됩니다.
흠흠.

으아아앗.
아녜시
교수님...!

뉴턴 덕후.

웨스터민스터
성당으로 가려면
어디로 가야 하나요?

아이작 뉴턴이
묻혀 있다길래 꼭
가보고 싶은데....

...뭐하는 거야,
엘리.

게다가 뭐야.
그 이상한
목소리와 옷은.

으아아악!
바로 들켰다!

ㅋ

ㄱㅎ

★윽! 들켜버렸으니 대학 수업을 못 듣게 되는 걸까?★

119

변장

함수

컴퓨터보다 먼저 등장한 최초의 프로그래머

에이다 러브레이스

- ✦ Ada Lovelace
- ✦ 1815~1852
- ✦ 수학자, 작가

19세기 초반 영국 런던, 에이다 러브레이스는 수학에 빠진 소녀였다. 시인이던 아버지가 방탕한 짓을 골라서 하자 이혼을 선언한 어머니가 아버지의 기질을 딸이 물려받는 것을 막으려고 문학은 손도 못 대게 하는 대신 이공계 과목 위주로 교육시킨 게 배경이 됐다. 당시 영국은 대학을 여성에게 개방하지 않았기 때문에 러브레이스는 가정교사에게 수업을 받았다. 그중에는 해왕성의 존재를 예측한 여성 천문학자 메리 서머빌Mary Somerville도 있었다.

1833년 러브레이스는 차분기관을 보고 마음을 뺏겼다. 이 거대한 계산기는 핸들을 돌리면 톱니바퀴가 돌아가며 다항함수를 계산하고 결과를 인쇄했다. 러브레이스는 차분기관을 만든 발명가이자 수학자인 찰스 배비지와 가까워지려고 최대한 자주 배비지의 집을 방문했다. 10년 뒤에 '팬심'을 발휘할 기회가 생겼다. 배비지가 차분기관을 개선해 설계한 해석기관에 대해 이탈리아 공학자가 쓴 프랑스어 논문을 영어로 번역해달라는 부탁을 받은 것이다.

'덕질'이 시작됐다. 러브레이스는 원래 분량보다 세 배 많은 주석을 붙이며 해석기관이 단순 계산기와 어떻게 다른지 설명했다. 계산만이 아니라 음악을 만들고 글자와 이미지도 처리할 수도 있을 거라고 주장했다. 이런 비전은 배비지도 떠올리지 못한 것으로, 현대적 컴퓨터의 잠재력을 처음 예측했다는 평가를 받는다. 뿐만 아니라 아직 만들지도 않은 차분기관에서 돌아갈 알고리즘도 썼다. 베르누이 수를 계산하는 알고리즘이었다. 컴퓨터에 돌리기 위한 알고리즘, 즉 프로그램을 만들어 러브레이스는 최초의 프로그래머 중 한 명으로 평가받고 있다.

독학으로 탄생한 수학자, 토마스 심슨

✦✦ 그땐 독학만으로 수학자가 될 수 있었다

1724년 5월 11일 오후의 영국, 태양이 채 넘어가기도 전에 어둠이 침범했습니다. 태양은 초승달 모양으로 몸을 점점 가렸습니다. 사방이 어두워져 대낮에 별이 모습을 드러냈습니다. 우주에서는 달이 제 몸보다 400배는 큰 태양을 가리고 섰습니다. 일식이었습니다.

일식의 원리가 널리 알려지지 않았던 때였습니다. 누군가는 재앙의 전조라 했고 누군가는 신의 나라에서 일어났을 일과 관련성을 찾으려 했습니다. 이 가운데서 15살의 토마스 심슨은 강한 호기심으로 가득 차 일식의 원리를 이해하기 위해 수학과 천문학을 배우겠다는 열망을 품었습니다.

당시 토마스 심슨은 버밍엄 동쪽 작은 도시 뉴니튼에 살고 있었습니다. 베 짜는 사람의 아들로 태어났으나 영어를 읽는 수업을 들은 뒤로 손에 닿는 대로 지식을 구하며 방직공과는 거리가 먼 행동을 해온 소년이었습니다. 심슨은 직업을 물려받길 원했던 아버지를 떠나 뉴니튼의 여인숙에서 숙박했습니다.

삶의 전환기는 20살, 한 점성술가가 여인숙을 찾았을 때 왔습니다. 일식의 비밀을 알고 싶었던 토마스 심슨에게 천체의 움직임을 근거로 예언하는 점성술가는 귀인이나 다름없었습니다. 토마스 심슨은 점성술가에게 배움을 얻고자 분투했고, 결국 『코커의 산수*Cocker's Arithmetik*』라는 책을 선물로 받았습니다. 『코커의 산수』는 1677년 발간된 뒤 약 150년간 소년에게 수학을 가르치기 위해 영국에서 사용되었던 책입니다.

이를 시작으로 수학을 홀로 공부한 토마스 심슨은 학교에서 수학을 가르치는 직업을 얻었습니다. 덕분에 베 짜는 일을 조금만 해도 먹고살 수 있게 됐습니다. 스물한 살에는 자기보다 서른다섯 살이나 많은 여인숙의 주인과 결혼했습니다. 부인은 아들과 딸이 하나씩 있었는데, 아들은 토마스 심슨보다 두 살이 많을 정도였습니다.

아마추어 수학자가 전문가의 반열에 오를 기미가 보인 건 1730년대입니다. 점성술가에게 배운 대로 점을 치려다 사고를 치는 바람에 토마스 심슨은 뉴니튼을 도망치듯 떠났습니다. 점성술을 그만두고 1735년부터 수학에 온 시간을 쏟았습니다. 독학하는 아마추어 수학자들의 성지인 《숙녀들의 수첩》도 즐겨 봤는데, 1736년 호에 어려운 수학 문제를 풀어 명성을 얻었습니다. 이때 풀어낸 문제들을 보면 토마스 심슨이 상당한 수준에 도달해 있었다는 것을 알 수 있습니다.

《숙녀들의 수첩》에 편지를 하나라도 더 보내려고 기하학과 대수 등을 공부했던 토마스 심슨은 마지막 남은 분야에도 손을 댑니다. 바로 당대 유럽의 수학자들 중에서도 이해한 사람을 손에 꼽았을 만큼 어려웠던 미적분학입니다. 프랑스 수학자 기욤 드 로피탈의 책을 친구에게 구해 공부를 시작한 토마스 심슨은 마침내 1737년에 『유율법에 대한 논문*A Treatise of Fluxions*』을 썼습니다. '유율법'이란 뉴턴식 미적분학을 의미합니다.

토마스 심슨은 커피하우스에서 수학을 가장 잘 가르치는 강사로 소문이 나기도 했습니다. 당시 런던에서 커피하우스는 '페니 대학Penny University'라고 불릴 정도로 다양한 강의가 벌어지는 곳이었습니다. 손님들은 입장료 1페니를 낸 뒤 커피를 마시면서 수학과 법, 예술과 같은 주제에 대한 강의를 들을 수 있었습니다.

마침내 전문가가 될 기회가 1743년에 왔습니다. 왕립학회 대표였던 마틴 포크스의 추천으로 1741년에 설립된 울리치 왕립군사아카데미Royal Military Academy, Woolwich의 수학 교수로 임명된 것입니다. 첫 번째 수학 교수가 설립 3년 만에 세상을 떠나자 빈 자리를 채운 것이었습니다. 이후 51세 나이로 사망할 때까지 토마스 심슨은 예비 장교들에게 삼각법과 원뿔곡선, 역학, 대포, 방어시설, 다리 건설 등을 가르쳤습니다. 그러는 동안 1743년에는 영국 왕립학회에, 1758년에는 스웨덴 왕립학회에 회원으로 선출될 만큼 뛰어난 수학자로 인정받았습니다.

이처럼 토마스 심슨은 기술학교나 대학 학위 없이도 수학자가 됐습니다. 공식적인 교육이라곤 영어를 배운 게 유일했는데도 말입니다. 그리 놀랄 일은 아닙니다. 지금은 학위 없이 수학자와 과학자가 되는 것은 불가능하지만, 18세기는 과학이 학문으로 새롭게 등장해 과학 전문가가 되기 위한 과정이 정립되지 않았던 때입니다. 과학이 무엇인지, 누가 과학자인지, 어디서 배워야 하는지 등 모든 것이 유동적인 상태였는데요. 이는 여성이 수학과 과학에 활발하게 참여할 수 있던 배경으로 작용하기도 했습니다.

실제로 18세기 영국에는 스스로를 '필로매스philomath'라고 칭하며 혼자서 책을 읽고 수학을 공부하는 사람들의 무리가 지방을 중심으로 있었습니다. '필로매스'는 학문을 사랑하는 사람이라는 뜻의 그리스어입니다. ≪숙녀들의 수첩≫에도 같은 필명을 사용한 여성 독자가 있었던 것으로 보아 남성만의 문화였다고 보기는 어렵습니다. 물론 토마스 심슨처럼 전문 수학자가 되어 수학계에 큰 업적을 남긴 필로매스는 흔치 않았던 것이 사실입니다.

✦✦ '심슨 공식'은 토마스 심슨이 만들지 않았다

토마스 심슨의 업적이라 하면 '심슨 공식'이 가장 먼저 언급되지만, 이는 사실 토마스 심슨이 만들지 않았습니다. 아녜시의 마녀 곡선과 같은 일이 토마스 심슨에게도 있었던 겁니다. 심슨 공식은 지금도 미적분학에서 쓰는 공식으로, 좌표 위 곡선의 아랫부분 넓이를 구하기 힘들 때 근삿값을 구하기 위해 사용합니다. 곡선의 아랫부분 넓이는 보통 곡선의 함수에 적분 공식을 적용해 계산하지만, 적분 공식을 사용할 수 없을 정도로 함수가 복잡하면 심슨 공식을 써서 넓이의 근삿값이나마 구하는 겁니다.

심슨 공식은 토마스 심슨이 태어나기도 전인 1639년에 이탈리아 수학자 보나벤투라 카발리에리Bonaventura Cavalieri가 먼저 사용한 기록이 있습니다. 그럼에도 토마스 심슨의 이름이 붙은 것은 그의 수학책이 무척 잘 팔렸기 때문입니다. 1750년에 출판돼 심슨 공식을 소개한 수학책 『유율법의 원리와 적용』은 1823년까지 인쇄됐을 정도로 큰 인기를 끌었습니다. 이처럼 토마스 심슨은 인기 있는 책을 여럿 써낸 수학자로 유명했습니다.

정작 토마스 심슨이 기여한 이론에는 그의 이름이 붙지 않았습니다. 지금도 미적분학에서 쓰는 '뉴턴 방법Newton's law'이 바로 그것입니다. 뉴턴 방법은 어떤 방정식이 너무 복잡해서 해를 찾기 어려울 때 근삿값을 찾기 위해 뉴턴이 처음으로 제안한 방법입니다. 복잡한 식을 해가 비슷하지만 풀기 쉬운 다항식으로 바꿀 수 있습니다. 토마스 심슨은 여기에 미분법을 적용해 이해하기 쉽고 사용하기 편리한 방식으로 정리했습니다. 현대 미적분학에서 뉴턴 방법은 토마스 심슨의 표현을 따르고 있습니다.

이외에 확률 이론에도 토마스 심슨은 흔적을 남겼습니다. 한 번 관찰해서 얻은 관측값보다 여러 번 관찰해서 얻은 관측값을 평균하는 게 더 믿을 만하다는 주장이 가장 유명합니다. 예를 들어, 천문학자가 천체를 관측할 때 얻은 관측값은 천체의 실제 위치와 다를 수 있습니다. 대기 상태 때문에 빛이 굴절할 수도 있고, 망원경의 렌즈가 빛을 흩뿌릴 수도 있기 때문입니다. 이때 여섯 번 이상 관측을 해서 얻은 천체 위치의 평균값이 한 번만 관측해서 얻은 값보다 더 참에 가까울 거라는 게 토마스 심슨의 주장입니다.

다만 이 주장에는 가설이 있습니다. 오차의 분포가 정해져 있고 이를 알 수 있을 때로만 제한됩니다. 이런 탓에 토마스 심슨의 주장이 적용될 수 있는 상황은 상당히 한정적이지만, 통계학자 스티븐 스티글러Stephen Stigler는 오차에 집중하는 관점의 변화가 중요하다고 지적합니다. 『통계학의 역사 : 1900년 이전의 불확실성 측정*The History of Statistics:The Measurement of Uncertainty Before 1900*』에서 스티븐 스티글러는 토마스 심슨의 오차 이론에 대해 "불확실성을 정량화하는 문을 열었다"고 찬사를 보냈습니다. 현대 통계학에서 추정값의 오차가 얼마나 큰지를 계산해내는 것은 굉장히 중요한데, 이런 변화를 위한 첫걸음을 토마스 심슨이 닦았다는 뜻입니다.

토막 지식
'황인종'은 린네가 만들었다?

토마스 심슨이 스웨덴 왕립학회에 갔던 날, 칼 폰 린네Carl von Linne가 제안한 것은 '호모 사피엔스'라는 이름만이 아니었습니다. 호모 사피엔스를 유럽인 백색, 아메리카인 홍색, 아시아인 황색, 아프리카인 흑색으로 나누자고 제안했습니다. 이들 하위분류는 지역과 피부색만이 아니라 법률과 의복 같은 사회문화적 차이도 근거로 삼았습니다. 유럽인은 법에, 아시아인은 의견에, 아메리카인은 관습에, 아프리카인은 기분에 지배를 받는다고 린네는 주장했습니다. 또 각각이 입는 옷도 달랐습니다.

당시 린네는 '인종'이라는 단어를 쓰지 않았으나 훗날 유럽인들은 호모 사피엔스의 하위분류를 '인종'이라 불렀습니다. 이런 인종 개념은 18세기와 19세기 유럽에서 나타난 과학적 인종주의의 토대가 되었습니다. 골상학자들은 두개골과 골반 크기를 근거로 어떤 인종과 성이 뛰어난지 줄을 세웠습니다. 으뜸은 단연 백인 남성이었습니다. 피부색이 다양한 아시아인을 황색으로 묶게 된 탓도 린네에게 돌아갔습니다. 언어학자 마이클 키벅Michael Keevak은 『황인종의 탄생』에서 원래는 다양한 피부색으로 묘사되던 아시아인이 린네의 제안 이후 '황인종'으로 통일됐다고 설명했습니다.

현대 생물학은 인종 분류는 과학적 근거가 없다고 결론을 내렸습니다. 호모 사피엔스는 생물학적으로 하나의 종이라는 뜻입니다. 이런 생각은 인간 게놈 지도에서 호모 사피엔스의 유전자 염기 서열이 99.9퍼센트 일치해 인종을 나눌 유전적 근거가 없다는 게 드러나면서 더욱 지지받았습니다. 그럼에도 최근에는 의학적 관점에서 인류를 지역별로 나눠 유전자를 비교하는 연구가 나오고 있습니다. 이런 연구들은 한편으로는 맞춤형 의학을 가능하게 한다며 지지받지만, 다른 한편으로는 유전적 차이를 부각하는 연구가 신인종주의를 낳는다는 우려도 함께 있습니다.

제8화
선행학습의 고통보다 괴로운 건

웬 남장이니, 엘리.

어떻게든 이 상황에서 벗어나야 해…!

흠흠, 교수… 아니, 부인. 아니 아가씨.

남장이라뇨, 착각하신 것 같습니다.

엘리라니 귀여운 이름이구려. 허허허.

사람 속이는 재능이 없구만. 다 티 난다, 정말.

척

척

후후후! 보았느냐! 이 완벽한 표정연기! 셰익스피어도 울고 갈 수준급의 상황극!

저는 대학에 가봐야 해서 서둘러야겠습니다.

그럼, 이만.

훽—

….

여자는 대학을
못 다니니까 남장을 해서
가보려는 거구나.

상처받을지도.

우와~!
여기가 대학인가?!

굉장하다~!

기하학 수업
늦겠다!

빨리 가자!

기하학 수업?!

저건
들어야 해!

앗, 혹시
우리 독자, 아니.

엣헴.

자네도
『숙녀들의 수첩』을
아는가?

당연히 알지!
어렸을 때 그걸로
수학을 배웠어.

어린 여동생이
있어서 아직도
사서 보는 중이야.

여동생이 수학을
좋아하나 보군.

맞아.

내 여동생은
수학을 좋아해서
나도 공부하는 걸
많이 도와줘.

『숙녀들의 수첩』은
수학에 재미를 붙여
공부하기에
좋은 것 같아.

재미있는
수수께끼들도 있고.

혼자 수학을 공부하는
여성들에게도
큰 도움이 될 수 있는
잡지야.

끄덕
끄덕

좋은
오빠다.

요즘 여성들 사이에선
수학이 유행이지.
수학 문제를 풀면서
놀더라고.

맞아,
내 여동생도
그렇고.

난 말이지.

요즘 같은 시대엔 여자에게도 수학을 가르쳐야 한다고 생각해.

요즘 남자들이

수학 잘하는 여자를 얼마나 좋아하는데.

여자가 가계부만 정리해도 집안일이 훨씬 수월하다니까?

그러니 이런 여성 수학 잡지가 잘 팔린다는 건 좋은 일이야.

수학을 공부하는 이유도 남편을 위해서여야 한다니. 항상 이렇게.

그렇게 조신하지 못하면 남자들이 싫어한다니까?

좋은 남자랑 결혼하기 위해서는 그러면 안 된다.

하하, 그러네.

수업 내용은 잘 이해하셨는지.

하아~.

나도 잘 모르겠다~.

자네 동생, 『숙녀들의 수첩』으로 수학을 공부한다 했지?

맞아. 똑똑하거든.

그 친구도 대학에 다니면서 공부할 수 있을까?

글쎄, 여자가 대학에 다닌다는 건 생각해본 적이 없는 걸.

우리 대학이 그렇게 수준 떨어지는 곳은 아니거든?

이탈리아에서는 여성에게도 박사와 교수직을 부여한다던데.

이곳에서는 안 될까?

하하, 정말?

저벅

저벅

첫 사교 모임은 어땠니?

표정을 보니 실망스러운 것 같은데.

괜찮니?

으아아악! 남장이라는 사실을 들켜버렸다!

처음 봤을 때부터 알아봤거든.

아…. 정말이지 쉽지 않았어요.

여자가 학교 다니는 게 학교 수준을 떨어뜨리는 일이라니….

그래서 정말로 교수님은 대단하신 분이세요.

지난번 일은 죄송했어요.

긴장해라, 엘리!

왜죠?!

문제의 해답을 받아 와야 할 곳이 있는데….

여긴 꽤나 전통 있는 귀족 가문이다!

!!!!

귀족 예절은 잘 모르는데 실수하면 어떡하지?!

잘 먹었습니다.

카악~퉤!

꺼~억.

…도와주십시오.

영국 귀족이라, 흥미로운 걸?

옛날 영국 귀족들은 프랑스어만 쓴 거 아니?

식사예절법은?

Golly Gosh!

오오, 몰랐어요.

몰라요.

???

좋아.

귀족과의 수많은 사교모임으로 단련된 나의 완벽한 예의범절을 보여주마.

오호홀 좋아용~.

★그곳에는 엘리를 놀라게 할 특별한 만남이 기다리고 있는데….★

도플갱어

기하학 수업

'페르마의 마지막 정리'
독학으로 풀다

소피 제르맹

✦ Sophie Germain
✦ 1776~1831
✦ 수학자

$x^n + y^n = z^n$

$2p + 1$

모두가 잠든 새벽, 한 여자 아이가 몰래 침대에서 나와 수학책을 폈다. 부모님 몰래 게임하는 것이 어린이의 로망이라면, 소피 제르맹에게는 수학이 게임이었다. 마리아 아녜시가 아버지의 지지 아래 수학을 배운 것과 달리 제르맹은 혼자 수학책을 보다가 '덕통사고'를 당했다. 더 이상 여성에게 수학을 권장하지 않던 18세기 후반 프랑스, 부모는 제르맹이 수학을 공부하는 게 못마땅했다. 공부를 막으려고 방에 불도 때지 않았는데, 딸이 오들오들 떨며 문제를 풀다 병에 걸리는 것을 보고서야 '네 맘대로 해라'며 포기했다.

제르맹은 여성임을 숨기기 위해 에콜 폴리테크니크를 그만둔 남자애 이름인 '르블랑'이라는 가명을 썼다. 학교가 눈치채지 못한 덕에 제르맹은 수학 교수 조제프루이 라그랑주에게 르블랑의 이름으로 과제물을 내고 조언을 얻었다. 이후에도 '르블랑'은 수학자 카를 프리드리히 가우스와 활발히 편지를 주고받았는데, 가우스는 훗날 상대방이 여성이었다는 걸 알고는 답장을 뜸하게 보냈다.

여성을 동료로 인정하지 않는 수학계에서 제르맹이 노린 건 파리과학아카데미의 논문 공모전이었다. 탄성력과 관련한 논문으로 상을 받은 뒤, 1816년에는 페르마의 마지막 정리를 일부 풀었다. 페르마의 마지막 정리는 17세기 아마추어 수학자 피에르 드 페르마가 낙서처럼 적고는 "여백이 부족해 증명은 생략한다"고 말한 문제로 유명하다. 간단해 보이지만 350년 뒤에야 완전한 해답이 나왔을 정도로 어려운 문제라 제르맹의 풀이는 대단한 진전이었다. 이 풀이는 현재 '소피 제르맹 정리'라 불린다.

"대학이 아무리 우리를 거부해도"
'남장'한 여자들

✦✦ 의대 수업을 도강하다, 마가렛 킹

호기심에 똘똘 뭉쳐 남장도 마다하지 않은 여성이 실제로도 있었습니다. 1773년, 아일랜드에서 손꼽히는 부자이자 귀족의 딸로 태어난 마가렛 킹Margaret King은 호강에 겨운 삶을 던져버릴 계기를 만 14세에 만났습니다. 새로운 가정교사를 찾던 어머니가 메리 울스턴크래프트를 실수로 고용한 겁니다. 어머니는 메리 울스턴크래프트가 훗날 '근대 최초의 페미니스트'가 될 사람일 줄은 꿈에도 몰랐습니다.

마가렛 킹의 눈에 비친 어머니는 몸을 치장하는 데 매일 5시간씩 쓰는 반면, 메리 울스턴크래프트는 꽉 끼는 코르셋과 퍼프소매를 혐오하다시피 했던 독특한 여자였습니다. 뿐만 아니라 아일랜드의 제일가는 부잣집 딸 앞에서 소득 불평등을 비판하고, 바느질 수업은 미뤄둔 채 늘 정숙해야 할 '요조숙녀'들을 산책시키는 만행(?)을 저질렀습니다. 심지어는 어머니에게 금지당한 취미인 소설까지 메리 울스턴크래프트는 허락했습니다. 이 기이한 가정교사는 1년이 채 안 돼 해고당했지만, 때는 늦었습니다. 마가렛 킹은 메리 울스턴크래프트의 열렬한 팬이 되고 말았습니다.

어머니의 우려대로 마가렛 킹은 다부진 여자로 성장했습니다. 188센티미터에 달하는 키만큼이나 화통하게 군주제를 폐지하고 공화정을 세우자는 운동에 몸을 던졌습니다. 귀족층에게는 군주제가 살기 편했는데도 말입니다. 만 29세에는 정략결혼을 했던 남편을 떠나 새로운 남성과 사랑의 도주를 함으로써 귀족 딱지를 최종적으로 몸에서 떼버렸습니다.

특권인 동시에 족쇄였던 집에서 벗어난 마가렛 킹이 다음으로 간 곳은 독일 예나에 있는 의과대학이었습니다. 당시 여성은 대학에 갈 수도, 의사가 될 수도 없었기에 마가렛 킹은 남자 옷을 입고 강의를 훔쳐 들었습니다. 큰 키와 근육질 몸 덕에 남학생과 남성 교수를 속이는 건 일도 아니었습니다.

대학 교실에서 기초 지식을 쌓은 마가렛 킹은 1814년 이탈리아 피사로 가서 뛰어난 외과의사 안드레아 바카 베를린기에리를 만나 함께 연구를 시작했습니다. 그의 지도로 가난한 사람들을 위한 진료소와 약국도 열었습니다. 메리 울스턴크래프트가 『여성의 권리 옹호』에서 "여성은 간호사만이 아니라 의사도 될 수 있어야 한다"고 말했던 것을 실천한 겁니다. 이곳에서 『아이들의 신체 교육에 대해 할머니가 젊은 어머니에게 하는 조언Advice to Young Mothers On the Physical Education of Children By a Granmother』이라는 책도 썼습니다.

책에서 마가렛 킹은 코르셋이 건강에 나쁘다는 점을 강조하고 모유 수유를 하라고 조언했습니다. 모유 수유를 권장한 것은 어머니의 역할을 강조하기 위해서라기보다는 잦은 임신을 피할 방법으로 제안된 것이었습니다. 당시 상류층 여성들은 아이를 낳자마자 유모에게 맡겨 곧장 임신이 가능한 몸이 됐습니다. 마가렛 킹의 어머니도 이런 이유로 자녀를 12명이나 낳았습니다. 이외에도 약의 사용법과 소녀가 산책을 하는 것의 장점 등을 책에서 다뤘습니다.

✦✦ 죽어서야 성별이 드러난 군의관, 제임스 베리

마가렛 킹이 의대 강의를 훔쳐 듣던 시기에 우연인지 필연인지 런던에서도 한 여성이 심사위원을 속이고 의대에 입학했습니다. 주인공은 마가렛 킹이 태어난 지 13년 뒤 같은 도시에서 태어났고 이름까지 똑같은 마가렛 버클리Margaret Buckley입니다. 이들이 서로를 알았는지는 불명확하지만, 연결고리는 있었습니다. 메리 울스턴크래프트의 남편인 윌리엄 고드윈이 둘을 모두 알았기 때문입니다. 윌리엄 고드윈은 마가렛 킹의 첫 소설을 출간해줬고, 마가렛 버클리의 남장을 도운 삼촌 친구 중 한 명이었습니다.

모든 음모는 아버지의 사업이 어려워져 마가렛 버클리가 어머니와 런던에 오면서 시작됐습니다. 삼촌인 제임스 베리와 친구들이 10대 소녀의 범상치 않는 재능을 알아채고 의사의 꿈을 이뤄주기로 했습니다. 삼촌은 유명한 화가로, 열린 마음을 지닌 친구들을 여럿 두고 있었습니다. 작전은 이렇습니다. 마가렛 버클리의 이름을 삼촌과 같은 '제임스 베리James Barry'로 바꾸고 남자의 모습으로 의과대학을 졸업한 뒤, 여성도 의사를 할 수 있는 베네수엘라로 가는 겁니다. 믿는 구석도 있었습니다. 삼촌의 친구이자 베네수엘라의 군대 지도자이며 식민지 독립을 꿈꾸는 혁명가였던 프란시스코 드 미란다가 도울 예정이었습니다.

새롭게 태어난 제임스 베리는 마가렛 킹과 달리 체구가 작아서 사춘기를 지나지 않은 소년처럼 보였습니다. 외모에 맞게 나이를 속여 에든버러대학교에 입학은 했지만, 높고 가는 목소리와 부드러운 피부 탓에 나이가 더 어린 게 아니냐는 의심을 샀습니다. 심지어는 시험을 치르지 못할 위기에 놓이자 삼촌의 귀족 계급 친구가 교수들을 설득하기도 했습니다. 우여곡절 끝에 졸업에 성공한 뒤에도 인생은 순조롭지 않았습니다. 프란시스코 드 미란다가 베네수엘라를 지배하던 스페인에 대항해 일으킨 혁명이 실패로 돌아가는 바람에, 제임스 베리를 베네수엘라로 데려오기 힘들어진 겁니다.

결국 제임스 베리는 1813년 영국군에 입대해 군의관 조수가 되었습니다. 의외의 결정처럼 보이지만, 어릴 적부터 남동생이 어려운 집안 사정을 생각하지 않고 돈을 펑펑 써대는 것을 나무라며 "내가 남자였다면 군인이 됐을 거야!"라며 호통치곤 했던 제임스 베리입니다. 군 입대는 자연스러운 선택이었습니다. 제임스 베리는 남아프리카 공화국 케이프타운에서 일을 시작해 인도 서부 지역과 지중해, 캐나다까지 영국군이 주둔한 곳곳의 지역에서 복무했습니다. 그동안 승진을 거듭해 마침내 군병원을 책임지는 '인스펙터 제너럴Inspector General'의 지위에까지 올랐습니다.

가파른 승진의 이유는 분명했습니다. 지나칠 정도로 완고한 성격을 바탕으로 각 점령지의 의료 환경을 눈에 띄게 개선했기 때문입니다. 제임스 베리는 위생 상태가 좋아야 질병을 예방한다고 믿어 다친 군인이 머무는 병원은 물론이고 노예와 죄수, 나병 환자가 있는 곳까지 깨끗하게 만들어야 직성이 풀렸습니다. 소위 '하찮은' 사람들의 공간까지 개선할 것을 상관과 공무원에게 요령 없이 요구하는 바람에 때로 지위가 강등되거나 체포를 당하는 일도 있었습니다.

제임스 베리는 영국에서 공식적으로 인정받은 외과 의사로는 최초로 제왕절개 수술을 성공시키기도 했습니다. 산모와 아기를 모두 살려낸 이 수술은 케이프타운에서 이뤄져 아프리카의 첫 제왕절개술로 인정되고 있기도 합니다. 당시 제왕절개술은 산모가 죽음에 이를 수 있는 위험하고 어려운 수술로 여겨졌습니다. 이 때문에 수술을 받은 환자 부모는 아이의 이름을 제임스 베리의 이름을 따서 지을 정도로 깊은 감사를 표했습니다. 참고로, 비공식적인 의사 중에서는 1738년 혹은 1739년에 마리 도날리라는 여성이 제왕절개술을 성공시킨 것이 영국 최초의 기록입니다.

제임스 베리가 남성의 가면을 쓰지 않았다면 어땠을까요? 어렵사리 의사가 되더라도 승진은 어려웠을 가능성이 높습니다. 제임스 베리는 동료와 싸움이 붙을 정도로 참을성이 없고 무뚝뚝하며 고집이 세다고 정평이 나 있었습니다. 또 채식주의자에다 술을 마시지 않았고 사람보다는 반려견을 더 좋아했습니다. 제임스 베리와 크림전쟁에 함께 있었던 간호사 나이팅게일이 "내 인생에서 그런 불량배는 처음이었다"고 말할 정도였습니다.

이처럼 괴팍하고 예민한 성격에도 제임스 베리는 남장을 했던 덕에 "여자들은 예민해서 안 돼"라거나 "감정적인 여자에게 수술 칼을 맡겨선 안 된다"는 이야기를 들을 필요가 없었습니다. 반면에 약 50년 뒤 남성 가면을 쓰지 않은 여성으로는 처음으로 영국에서 의사가 된 엘리자베스 앤더슨은 남성 동료들의 극렬한 반발에 시달려야 했습니다. 제임스 베리의 사례는 남성 가면을 쓰는 게 직업과 학문의 기회를 열어주는 데 그치지 않고 부당한 평가를 피하는 데도 도움을 준다는 것을 보여줍니다.

제임스 베리의 비밀은 영영 묻힐 예정이었습니다. 자신의 옷을 벗기지 말고 묻어달라는 유언을 남겼기 때문입니다. 다행인지 불행인지 이 바람은 이뤄지지 못했습니다. 청소부가 제임스 베리의 시체를 확인하고 성별을 폭로했습니다. 영국 전체가 떠들썩해지자 영국군은 군의관이 여성인 것을 몰랐던 사실을 감추려고 100여 년간 모든 기록을 숨겼습니다. 제임스 베리가 마가렛 버클리였다는 사실이 드러난 것은 역사학자에게 접근권이 허락된 1950년대입니다.

✦✦ 성별을 숨겼던 여성 과학자들

19세기에는 겉모습을 남성으로 바꾸지 않고 다른 방법으로 성별을 숨겼던 여성 과학자들이 있습니다. 프랑스 해부학자 마리 티로 다르콩빌은 모든 책을 익명으로 출간했습니다. 프랑스 수학자 소피 제르맹은 '앙투안 오귀스트 르블랑'이라는 남성적인 가명으로 남성 학자들과 편지를 주고받았습니다. 훗날 소피 제르맹은 "주변에서 여성 과학자를 비웃는 것이 두려워 가명을 썼다"고 말했습니다.

18세기 초만 해도 과학이 여성에게 권장됐는데, 19세기 여성들은 왜 성별을 숨겼을까요? 론다 쉬빈저는 『두뇌는 평등하다』에서 "19세기 초, 여성적인 것과 과학적인 것 사이에 충돌이 심해졌다"며, "여성들은 다시금 남자 가면을 썼다"고 썼습니다. 4화에서 다뤘던 것처럼 과학과 관련한 공직을 남성들이 차지하면서 19세기에는 과학이 여성의 얼굴을 완전히 벗어버린 것입니다. 또 다른 이유도 있는데, 이는 10화에서 설명을 드리겠습니다.

한편, 여성에게 겸손과 정숙을 요구하는 분위기가 강화되기도 했습니다. 1811년 교육가이자 극작가이며 루소를 좋아했던 장리 부인은 여성의 품행 규칙을 발표하며 여성은 책을 써도 자기 이름으로 발표하지 말아야 하며 여성다운 섬세함과 겸허함, 부드러움을 해칠 수도 있으니 비판에는 반응하지 말라고 했습니다. 이 같은 변화 또한 10화에서 설명드리겠습니다.

남성의 가면을 쓰는 것은 여성들이 자신의 꿈을 펼치는 데 도움이 되기도 했지만, 동시에 자유로운 활동도 제약했습니다. 제임스 베리는 죽을 때까지 속을 털어놓을 동료를 사귈 수 없었고, 소피 제르맹은 뛰어난 학자와 서신을 교환하는 것으로만 연구를 이어나가 최신 수학을 흡수하는 데 한계가 있었습니다. 이런 열악한 환경을 뜯어보면 여성 과학자가 적다는 것을 불만스러워했던 마음이 부끄러워지기도 합니다. 오히려 단 한 명의 여성 과학자라도 탄생했던 것이 기적처럼 느껴지기 때문입니다.

제9화

내 친구가
되어줘

잘 오셨습니다,
숙녀분들.

우 리
으 리
으 리

이렇게 호화로운 집은
오랜만인걸.

우와! 크다!

앗! 저 분은 이 저택의
주인이자 오늘 봐야 할
우리의 독자님이신
조지 알폰소 팰퍼틴
프란체스코 마르크스
베이더 경 3세!

이름 틀렸어.
다 틀렸다고.

아, 혼란을 드려서 죄송하오나, 사실 당신들께 편지를 보내던 독자는 제가 아닙니다.

부르셨나요?

제 이름을 빌려 쓴 우리 집 하녀죠.

하녀가?!

데이지! 와보렴!

!!!

『숙녀들의 수첩』 독자가 나와 같은 또래의 여자아이였단 말이야?!

그것도 늘 독창적인 문제와 풀이를 가져다주는…!

내가 항상 찾아왔던 그런 친구…!

?

반갑습니다. 데이지 베이커라고 해요. 『숙녀들의 수첩』은 정말 재미있게 읽고 있어요.

이렇게 만나게 되어 정말 영광입…

타닷

꾸벅

나도 반가워!

뚷흑!!

락

앙

우리, 어디 가서 깊은 대화를 나눠보자고. 후후후후.

그, 그럼 이쪽으로….

…일하는 중이에요.

숙녀께선 심심하실 텐데 체스나 한판 할까요?

뭐, 그거 좋죠.

정말 반가워…!
내 또래에 이렇게
수학을 잘하는 친구가
있었다니…!

고마워.

수학은 어떻게
공부한 거야?!

봐봐. 여긴 책이
많거든.

수학뿐만 아니라
물리학, 광학, 지질학
등의 책도 많아.

이, 이걸
함부로 읽어도
되는 거야?

집주인 거
아니야?

이 책들은 집주인이
그저 허세용으로 수집한
장식품 같은 거야.

얼마든지
읽어도 돼.
너도 몇 권
빌려줄까?

그…
그래도 될까?!

기
겁

이미 허락도 받아서
자주 빌려 가거든~.

감사…!

압도적
감사…!

도와주세요.

그럴 줄 알았어.

폭삭

여기 있지, 여기다가 정확히 수평인 보조선을 긋는 거야.

끄덕 끄덕

이… 이럴 수가! 어쩜 이런 창의적인 발상을!!

한 점 흔들림도 없는 완벽한 풀이!

아, 저 식에서는 괄호 안의 다항식을 하나의 덩어리라고 생각하고 다루는 게 편해.

설명 들으면서 고개만 끄덕여도 왠지 모르게 다 알 것 같은 이 자신감!

끄덕 끄덕

그리고 스스로 풀어보기.

엘리야, 우리 쉬운 것부터 풀어보자.

대… 대체 뭐가 잘못된 거지?

이게 쉬운 거라면 수학자들이 하는 건 대체 뭐지?

역시 잘못된 건 내가 아니라 이 세상이야!!

와장창

시끄럽다, 엘리야.

숙녀답게 얌전하게 행동 못 하겠니.

그러던 어느 날.

엘리, 그럼 이제 이 문제를 풀 수 있을 것 같니?

슥

앗…, 이건.

★빗속을 뚫고 찾아온 데이지는 엘리를 어디로 데려가려는 걸까?!★

도서 대출

책은 얼마든지 빌려가도 좋아.

감사합니다!

문제 풀기

도형 문제를 풀 땐 도움이 될 보조선 하나를 그어봐!

괄호 안의 다항식을 덩어리라고 생각하고 다뤄봐…!

엘리야, 두 분의 말씀대로 풀면 도움이 될 거야.

음… 이렇게…?

"생물은 멸종하지 않는다"는 믿음을 뒤집다

메리 애닝

♦ Mary Anning
♦ 1799~1847
♦ 화석수집가, 고생물학자

항상 탐사에 함께하던 개였다. 1833년 10월 영국, 라임 레지스라는 작은 바닷가 마을의 절벽에서 흙과 돌이 떨어져 순식간에 개를 덮쳤다. 사암과 석회암으로 이뤄진 절벽은 자주 사태가 일었다. 운 좋게 피하면 화석을 구하지만, 이날은 아니었다. 메리 애닝은 친구에게 "개와 같은 운명이 내 목전에 있었다"고 썼다. 이처럼 위험한 화석 사냥을 시작한 것은 생계 때문이었다. 가구를 만들던 아버지가 관광객에게 팔 화석을 구하러 갈 때마다 애닝도 따라 나섰다. 아버지가 돌아가시고 오빠가 가업을 물려받자 화석 판매는 애닝의 일이 됐다. 다행히 적성에 맞았다. 오빠가 거대한 두개골을 발견한 절벽을 몇 달간 탐사하다 5.2미터 길이의 나머지 뼈를 찾았다. 당시 애닝은 12세였다. 학자들은 뼈의 주인공에게 '익티오사우루스'라는 이름을 붙였다. 쥐라기 바다에 살던 어룡이다.

성경을 믿던 사람들은 기이한 뼈를 보고 놀랄 수밖에 없었다. 진화와 멸종을 받아들일 때가 온 것이다. 이후에도 애닝은 익룡과 플레시오사우루스의 뼈 화석을 최초로 발견하고 공룡의 똥 화석도 찾아냈다. 애닝의 발견으로 학계는 화석으로 지구의 과거를 알아낼 수 있다는 걸 깨달았다.

그래도 가난은 애닝을 떠나지 않았다. 위기의 순간마다 지질학자들이 도왔다. 애닝의 발견을 바탕으로 최초의 고생물 복원도를 제작해 가계에 보탰고 런던지질학회는 기금을 모으기도 했다. 그 학회에 애닝이 회원이 되어 연금을 받았다면 다 해결될 일이었지만. 애닝이 발견한 뼈로 쓴 논문 중 발견자를 기록한 것은 극히 일부였다. 런던지질학회는 1904년에야 여성 회원을 받았다.

18세기 독일에는
여성 과학자가 많았다

✦✦ 가내수공업자의 딸, 곤충학자가 되다

1650년대 독일 프랑크푸르트의 작은 마을, 열 살 남짓한 여자아이가 풀숲에 쪼그려 앉았습니다. 마리아 지빌라 메리안Maria Sibylla Merian이라는 이름의 여자아이는 남들이 눈치 채지 못하는 하찮은 것을 볼 줄 알았습니다. 바로 곤충이었습니다. 겹겹이 쌓인 풀잎과 나무줄기 사이에 곤충이 제아무리 숨어 있어도 찾아내는 능력이 메리안에게 있었습니다. 가장 좋아하는 곤충은 누에였습니다. 하얗고 길쭉한 몸을 구부렸다 펴며 무수히 많은 짧은 다리를 옮기는 것이 괴상해서 외계생명체가 있다면 분명 이런 생김새일 거란 생각이 들 정도지만, 메리안의 눈에는 귀엽고 멋져 보였던 모양입니다.

어릴 적 메리안은 모든 애벌레를 채집한 것도 모자라 누에를 데려다 키우기까지 했습니다. 관찰에 그치지 않고 그림도 그렸습니다. 길드 화가였던 의붓아버지에게서 그림을 배웠기에 가능한 일이었습니다. 상류층 여성처럼 교양으로 배운 게 아니라 일을 돕기 위해 배웠습니다. 길드 장인의 딸들에겐 흔한 일이었습니다. 메리안은 아버지에게 도제 훈련을 받은 뒤 아버지의 또 다른 도제인 남성과 결혼해 가업을 이었습니다. 상류층 여성이 아니기에 가정교사와 아버지에게 학문을 배울 수는 없었지만, 오히려 상류층이 아니기에 요조숙녀로 자라기를 강요받지 않아 온몸에 흙을 묻히며 곤충을 모을 수 있었는지도 모릅니다.

그림 공방을 운영한 메리안이 틈틈이 그린 곤충을 책으로 낸 건 32살이던 1679년이었습니다. 메리안은 『유충의 놀라운 변모와 특별한 섭식 활동Der Raupen wunderbare Verwandlung und sonderbare Blumennahrung』에서 나비 50종이 알에서 태어나 애벌레와 고치를 거쳐 나비가 될 때까지의 과정을 그렸습니다. 나비가 먹은 식물도 함께 기록해 각 변태 단계에서 적은 종류의 식물만 먹어 편식이 심하다는 것을 최초로 보여주기도 했습니다. 메리안은 책에서 "어떤 애벌레는 식물을 한 종류만 먹었다"며, "그 식물을 주지 않으면 죽음을 선택할 정도였다"고 썼습니다. 여러 종류의 식물을 먹는 애벌레도 가장 좋아하는 식물을 없애야만 다른 식물을 먹었지요. 알도 자신들이 먹는 식물 위에 낳았습니다.

나비의 변태 과정을 알에서부터 관찰한 것도 혁신이었습니다. 당시는 곤충이 진흙에서 저절로 발생한다는 자연발생설이 널리 지지받고 있었습니다. 13세기 신학자 토마스 아퀴나스가 자연발생설을 두고 곤충은 신이 아니라 악마가 만든다고 말했는데, 17세기에도 곤충은 '악마의 짐승'이라는 악명 높은 별명으로 불렸습니다. 비슷한 시기 네덜란드의 유명한 곤충학자 얀 후다르트도 자연발생설을 믿었기 때문에 유충부터 성충까지만 곤충을 관찰할 정도였습니다.

대표적인 저서는 50대에 쓸 기회가 왔습니다. 메리안은 마음이 맞지 않던 남편과 이혼하고 부모님도 세상을 떠나자 딸 하나와 함께 네덜란드 암스테르담으로 이사했습니다. 아메리카 대륙의 온갖 진귀한 생물 표본이 가득하다는 소식 때문이었습니다. 당연하게도 메리안은 남성들이 가져오는 수집품에 만족하지 못했습니다. 남성들의 표본은 곤충을 박제해 생애의 한 순간만을 보여줬습니다. 순간보다는 생애에, 정지한 몸보다는 흐르는 시간에 관심이 많았던 메리안은 딸과 함께 남아메리카 북동쪽 수리남으로 가기로 결심했습니다.

수리남은 더운 남쪽 나라였기 때문에 메리안과 딸은 새벽같이 일어나 곤충과 식물을 수집하고 저녁이면 분류와 그림 작업을 하며 2년을 보냈습니다. "뱀은 유리병에 담아 구멍을 뚫은 종이로 입구를 막았"

고, "나비는 끝이 빨개질 때까지 불에 달군 바늘을 꽂아" 손상을 최소화했습니다. 말라리아도 이겨내며 연구를 위해 "거의 목숨을 바쳤다"는 메리안은 암스테르담에 돌아오자마자 집필을 시작했습니다. 곤충과 식물의 색깔을 정확히 살리기 위해 가장 좋은 종이를 사용하고 책 인쇄도 직접 했습니다. 덕분에 비용이 많이 들어 오늘날로 치면 크라우드펀딩에 해당하는 예약 판매로 제작비를 모았습니다.

이렇게 탄생한 『수리남 곤충의 변태*Metamorphosis insectorum Surinamensium*』는 자연사 도서관에 반드시 놓이는 필독서가 될 정도로 대중에게 인기가 높았습니다. 학계에서도 찬사를 받았습니다. 독일 천문학자 크리스토프 아놀트는 "게스너, 워턴, 펜, 뮈세프가 무시한 것이 한 현명한 여성을 통해 활짝 피어났다"고 평가했습니다. 이들 박물학자는 정지한 곤충의 형태만 관찰할 뿐 변태 과정엔 관심을 그리 두지 않았습니다. 반면에 메리안은 생물의 생애뿐만 아니라 먹이 관계까지 관찰했지요. 메리안이 현대 생태학의 개척자 중 한 명으로 꼽히는 이유입니다.

✦✦ 근대과학의 절반은 수공업자가 만들었다

독일에는 곤충학만이 아니라 천문학을 하는 여성도 많았습니다. 1650년에서 1710년까지 활동했던 천문학자 열 명 중 한 명 이상이 여성이었습니다. 마리아 쿠니츠는 행성 위치를 계산할 때 쓰던 천체 목록을 단순화했고, 마리아 아이마르트는 6년에 걸쳐 달의 모양 변화를 관찰해 250점의 그림에 담았으며, 엘리자베타 헤벨리우스Elisabeth Hevelius는 1888개 별자리를 책 한 권에 정리했습니다. 가장 뛰어났던 사람은 새로운 혜성 'Comet of 1702'를 발견한 마리아 빙켈만이었습니다. 라이프니츠의 학술지 ≪학술기요≫는 마리아 빙켈만의 연구를 소개하며 베를린 과학아카데미의 천문학자인 남편에 버금가는 재능을 지녔다고 찬사를 늘어놓았습니다. Comet of 1702는 남편이 미처 보지 못하고 놓쳤던 것이기에 마리아 빙켈만이 더 뛰어난 것은 아닌가 싶지만, 당시에는 그렇게 서술하기 어려웠을 겁니다.

앞서 설명한 천문학자 중 지주의 딸이었던 마리아 쿠니츠 외에는 모두 상류층이라 보기 어렵습니다. 상류층도 아닌데 과학적 업적을 낼 수 있었던 이유는 독일의 곤충학계와 천문학계가 모두 가내수공업자들의 조합인 길드와 비슷한 문화를 지니고 있었기 때문입니다. 길드 문화에서 장인의 아내는 단순히 조수에 그치지 않고 대부분의 일을 남편과 함께했습니다. 길드에 속하려면 아내를 두어야 한다는 규칙이 있을 정도로 아내는 중요했습니다. 15세기 쾰른의 38개 길드 중 20개 이상이 여성을 정식 조합원으로 받았다는 기록도 있습니다. 이런 길드 문화는 17세기 중반 이후 영국과 네덜란드에서 사그라진 반면, 산업화가 늦게 이뤄진 독일에서는 19세기까지 강하게 이어졌습니다.

따라서 독일 길드 장인의 딸로 태어나거나 길드 장인과 결혼한 여성은 비교적 수월하게 과학에 참여할 수 있었습니다. 메리안은 길드 화가의 딸이자 도제로 일하며 배운 그림 실력으로 곤충과 식물을 세밀하게 그릴 수 있었고, 마리아 아이마르트는 개인 천문대를 운영하는 아버지의 도제로 일하다 천문학자와 결혼해 가업을 물려받았습니다. 엘리자베타 헤벨리우스와 마리아 빙켈만도 천문학자 남편과 함께 가족이 소유한 천문대와 아카데미 천문대에서 각각 일했습니다.

수공업 전통에서 훈련 받았다고 해서 대학을 나온 학자에 비해 능력을 인정받지 못했을 거라고 생각한다면 오산입니다. 마리아 빙켈만의 남편인 고트프리트 키르히도 대학이 아닌 헤벨리우스의 개인 천문대에서 관측 기술을 배웠습니다. 론다 쉬빈저는 이 경력에 대해 "예나 대학에서 수학자이자 천문학자인 에르하르트 베이갈에게 수학을 배운 것만큼이나 중요한 역할"이라고 평했습니다. 대학에서는 우주론과 같은 우주의 본질을 배우고 연구했을 뿐, 별과 행성과 혜성과 은하를 관찰하고 기록하는 방법은 대학이 아닌 천문대에서 배워야 했기 때문입니다. 그 어느 하나가 더 중요한 것이 아니라 두 집단이 함께 독일 천문학의 발전에 기여했습니다.

수공업 기술이 중요한 역할을 한 것은 독일과 천문학의 특별한 현상은 아니었습니다. 과학사학자 에드가 질셀Edgar Zilsel은 서구에서 근대 과학이 탄생한 것은 학자와 수공업자가 융합하는 환경이 만들어졌기 때문이라고 지적했습니다. 학자는 상류층의 일원으로 수학과 철학, 신학 등을 체계적으로 정리하고 전개하는 능력은 있으나 실용적인 기술은 없었던 이성적인 이론가이고, 수공업자는 기술을 발전시키기 위해 실험도 했으나 이론적인 배경은 부족했던 장인입니다. 특히 장인이 만든 문화는 실험과학의 발전에 큰 영향을 미쳤습니다. 자신의 기술을 향상시키기 위해 실험하고 관찰하는 것은 수공업자에게 흔한 일이었기 때문입니다. 메리안이 애벌레에게 식물을 바꿔가며 먹이로 주고 결과를 관찰했던 것처럼 말입니다.

✦✦ 아카데미, 수공업 전통을 거부하다

1710년, 베를린 과학아카데미의 천문학자로 일하던 남편이 사망하자 마리아 빙켈만은 살 길이 막막해졌습니다. 혼자서 새로운 혜성을 찾아내고 남편과 함께 천문 정보가 담긴 달력을 제작할 정도로 능력이 충분했음에도 여성이기에 베를린 과학아카데미가 자신에게 일을 계속 맡겨줄지 불투명했습니다. 아카데미가 새로운 천문학자를 찾자, 빙켈만은 달력을 만드는 보조 천문학자 자리에 스스로를 추천했습니다. 길드에서 남편이 죽으면 아내가 가업을 상속 받는 규정이 있는 것처럼, 가족 사업이나 다름없는 달력 제작을 계속할 수 있기를 바랐습니다.

마리아 빙켈만의 염원은 이뤄지지 못했습니다. 아카데미의 사무관 야블론스키는 의장 라이프니츠에게 "남편이 살아 있는 동안에도 여성이 달력 제작에 관여한다는 이유로 우리 아카데미는 조롱을 많이 받왔다"고 편지를 쓰며 빙켈만에게 공식 지위를 주는 것을 반대했습니다. 1716년 마리아 빙켈만이 천문학자가 된 아들의 조수라는 지위로 아카데미에 돌아왔을 때에도 어려움을 겪었습니다. 공적인 자리에 여성이 있는 걸 보이길 부끄러워했던 아카데미 위원회는 "공식 행사가 있을 때는 천문대에 모습을 보이지 말라"고 요청하곤 했습니다. 여성은 '가내' 수공업일 때에만 활약할 수 있었을 뿐, 공직으로의 길은 역시 차단돼 있었던 겁니다.

제10화
감동의 비밀장소

* 영국에서 귀족의 지위는 없으나 가문의 휘장은 사용할 수 있는 중간 계급층.

이봐요, 당신! 계속 우리 집을 가난하다고 무시하시는데,

우리가 아무리 가난해도 하녀와 요리사 정도는 두거든요!

때는 18세기.

아무리 가난한 젠트리* 계급이라도 하녀 정도는 둘 수 있었던 시기.

그만큼 하녀들은 적은 급료를 받으며 일을 하던 하층민이 많았다.

여기가 가난한 집안이라면 하녀인 난 대체 뭐지….

와장창

데이지, 알다시피 우리 집안은 너 결혼 지참금은 마련 못 해준다.

괜찮아요. 저 이번에는 꽤 부유한 집안에서 일하기로 했으니까 보수도 괜찮을 거예요!

에휴, 아들이라면 돈이라도 벌어와 줄 텐데….

딸은 뭐 돈만 깨지고….

데이지!

이 밤에
런던 교외까지는
왜 데려온 거야?

비도 그쳤으니
별 보러?

아쉽게도
핼리 혜성은
올해 봄에 지나가고
없어.

천문학자 에드먼드 핼리가 예측한
핼리 혜성이 돌아온 시기는
1759년 3월 13일.

앗, 나
불렀어?

한참 불러도
대답이 없었어.

멍 때린 거야?

미안.

잠시 다른
생각하고 있었어.

나도 별 보는 거
좋아해.

하지만
오늘은 아니야.

오늘은
내 친구들을
소개해주고 싶어.

친구들?

응. 수학을 좋아하는
친구들.

끼
익

『숙녀들의 수첩』 독자이기도 한 친구들이야.

쟤는 누구야?

데이지? 아무나 데려오지 말랬지!

우와아아아! 진짜?!

진짜 그 잡지 만드는 일을 하는 애야?!?

처음 봐!

지난번처럼 괜히 교회 열심히 다니는 애를 데리고 와서 목사에게 우리 모임을 일러바치는 일이 또 생긴다면…!

얘는 『숙녀들의 수첩』 편집부에서 일해.

우당탕탕

아, 안녕하세요!

반가워!

저… 저…

정말로 『숙녀들의 수첩』 독자님들인가요?!

폭풍 감동

맞아!

혼자 힘으로 수학을 공부하는 건 힘들기도 하고 자료도 부족하니까.

이렇게 서로 모이게 됐어.

내가 거의 혼자서 자료 담당이긴 하지만~.

너는 어떻게 혼자서 수학을 공부한 거야?

저는 요즘 마리아 아녜시라는 수학 교수님께 도움을 받고 있어요.

마… 마리아…?

수학… 뭐, 교, 교수?

풉!

와하핫ㅋ 여자가 수학 교수라니!

진짜예요!

말도 안 되는 소릴 ㅋㅋㅋㅋㅋ.

아, 나는 이탈리아에 여성 수학 교수가 있다는 걸 들었어.

그쵸, 그쵸?

끼익

벌컥

대학에서 만난 친구가 말해주더라고.

오빠! 오늘도 와줬구나!

우와, 손에 든 건 뭐야?

미적분 책이야. 오늘은 이걸 공부 해보자.

응? 꼬마는 뭐가 놀라워서 쳐다보고 있니?

아, 엘리야. 이분은 남자지만 열렬한 『숙녀들의 수첩』 독자로 우리 공부를 도와주고 계셔.

여자가 가계부만 잘 정리해도 집안일이 수월하다니까?

…알겠어요.

손에 든 책은 뭔가요?

아, 이건 미적분에 관한 책인데

공부하면 도움이 많이 될 거야.

있죠…?

저희는 가계부 같은 거 잘 쓰려고 미적분 같은 수학을 공부하는 게 아니에요.

좋은 의도로 하고
계시는 거 알아요.

…?

그렇지만 그러려고
저희가 공부하는 게
아니라고요.

우리 어디서
본 적 있나…?

아뇨!

상큼

그런 일이 있었어요.

이야~. 잘했어.

요즘 『숙녀들의 수첩』 여성 독자가 많이 줄었어.

오히려 남성 독자가 많은데, 이 상황은 뭘까?

그렇지 않아요.

살 형편이 안 돼서 하나 사서 돌려보는 여성 독자도 꽤 많을 걸요?

남성 이름의 가명으로 편지를 보내온 여성 독자들도 꽤 있을 거고요.

뭐, 그럴 수도 있겠지.

하여간 엘리, 다음 마감을 준비하길 바란다.

넵!

교수님! 저 요번 마감 끝나고 공부 좀 봐주실 수 있나요?

아…. 미안, 엘리.

슬슬 이탈리아로 돌아가야 할 것 같아.

★아녜시 교수님이 떠난다는 청천벽력 같은 소식, 엘리의 반응은?★

167

개인기

이유

현대 물리는 물리학자에겐
너무 어려워서
에미 뇌터

♦ Emmy Noether
♦ 1882~1935
♦ 수학자

아인슈타인의 상대성이론을 두고 독일 괴팅겐대학교 수학자들이 끙끙 대던 1915년이다. 에너지보존법칙 공식이 새로 쓰여야 했다. 수학자 다비트 힐베르트David Hilbert도 "현대 물리는 물리학자에겐 너무 어렵군"이라고 말하며 힘을 보탰지만, 끝내 답을 찾지 못해 에미 뇌터를 초청했다. 한 교수가 "전쟁에서 돌아온 남학생들이 여자한테 수업을 들어야 한다면 뭐라고 생각하겠냐"며 반발하자 힐베르트는 말했다. "여기는 대학이지 목욕탕이 아닌데요."

그래도 교칙을 바꾸지 못해 뇌터는 무급으로 일해야 했다. 이미 7년째 에를랑겐대학교에서 같은 취급을 받은 터라 특별할 것도 없었다. 1904년부터 여자에게 학위를 준 에를랑겐대도 교수직은 어림없었던 것이다. 그럼에도 뇌터는 괴팅겐에 온 지 3년 만에 상대성이론의 문제를 해결할 수 있는 증명을 내놓았다. 이것이 바로 '뇌터 정리'인데, 물리학도들도 너무 어렵다며 '뇌를 터는 정리'라고 우스갯소리를 하곤 한다. 요점만 설명하자면, 뇌터 정리란 대칭성이 있으면 그에 대응하는 보존 법칙이 성립한다는 것이다. 이 책을 침대로 던지면 오늘 던지든 내일 던지든 책이 그리는 궤적은 똑같다. 시간이 변해도 달라지는 게 없으니 이를 시간 대칭이라고 한다. 정리에 따르면 시간 대칭이 있으면 에너지보존법칙이 존재한다. 시간 대칭만 증명하면 뇌터 정리로 에너지보존법칙도 도출할 수 있는 것이다.

물리학자들은 뇌터 정리를 살뜰히 써먹고 있다. 힉스 같은 기본입자의 예측과 전하량보존법칙이 다 여기서 나왔다. 수학자들은 뇌터가 추상대수학의 창시자인 점을 가장 높이 사지만, 모든 업적을 말하자면 끝이 없으니 여기서 마친다.

"여자는 수학을 못한다"는 고정관념이 만들어지다

✦✦ 수학과 과학에서 여성의 얼굴이 사라진 이유

잠시 '1화 뒷담'의 배경으로 돌아가도 괜찮을까요? 모든 인간은 잠들고 마감용 좀비만 잡지편집실을 배회하던 그 밤, 제 기사가 교정되기를 기다리면서 론다 쉬빈저의 『두뇌는 평등하다』를 읽다가 18세기 초기에 "여성들의 수학 공부가 적극 권장되었다"는 문장에 조용히 멈췄던 순간 말입니다. '여성'들의 '수학' 공부가 '적극' 권장되었다고 끊어 읽으며 고요하게 배신감을 느꼈던 시간입니다. 갑작스럽다고 생각하실 수도 있지만 변명할 거리가 있습니다. 이쯤이면 저와 같은 것이 궁금해졌을 테니까요. "그 300년 동안 무슨 일이 있었기에 지금은 이 모양이지?" 하면서요.

18세기에 수학은 여러 자연철학 중에서도 여성이 공부하기에 적합하다고 권장된 분야였습니다. 그 덕에 상류층 여성은 자유롭게 살롱과 대중 강연을 찾거나 교양서를 구입해 수학은 물론이고 물리학과 천문학 같은 수학과 관련한 분야를 주로 공부했습니다. 상류층이 아닌 여성도 대중잡지를 사서 보거나 교양서를 빌려 수학을 배울 수 있었습니다. 그중에는 재능을 발견해 책을 내거나 새로운 사실을 발견한 수학자와 과학자도 탄생했습니다.

반면 21세기에 수학은 이공계 과목 중에서도 여성에게 안 어울리기로 소문난 과목으로 전락했습니다. 300년 뒤에 태어난 저는 수학이 좋다고 하면 "여자애가 특이하네"라는 말을 들었습니다. 어쩌다 여학교에서 수학 성적이 잘 나오면 "그래도 수능 치러 보면 남자애들한테는 안 된대"라는 말이 돌아왔습니다. 어쩌다 이런 변화가 생겨났을까요?

론다 쉬빈저는 두 곳에 혐의를 돌립니다. 하나는 장 자크 루소에게 영향을 받은 성적 상보주의sexual complementarity이고 다른 하나는 18세기와 19세기에 발전한 해부학과 골상학입니다. 루소는 프랑스혁명이 일어나는 과정에서 자유와 평등 이념의 기초를 닦은 철학자로 꼽힙니다. 과학은 실험과 검증의 과정을 통해 어떤 학문보다도 객관성을 띤다고 스스로 자부하는 분야입니다. 이처럼 평등과 객관성의 상징처럼 보이는 루소 철학과 과학이 어쩌다 여성을 수학과 과학에서 떨어뜨려놓은 주범으로 꼽힌 걸까요?

✦✦ 성차별의 철학적 토대, 성적 상보주의

혁명이 일어나기 전 프랑스에는 학구열에 불타는 상류층 여성을 비난하는 목소리가 높아지고 있었습니다. 비난하는 자들은 상류층 여성들이 책을 읽고 강의를 듣고 살롱에 가고 때로는 글까지 쓰며 '본래적인' 역할을 소홀히 한다고 주장했습니다. 당시 상류층 여성은 출산을 하면 곧장 아이를 유모와 가정교사에게 차례로 맡겼습니다. 최대한 빨리 사회에 복귀해 남성처럼 영향력을 발휘하려고 했기 때문입니다. 이런 분위기 속에서 여성도 남성과 똑같이 교육받고 정치에 참여할 권리가 있다고 주장하는 목소리도 나왔습니다.

가정을 벗어나려는 여성을 비난하는 목소리는 18세기 초에도 있었으나, 18세기 후반 프랑스혁명의 열기가 오르던 때에는 하나 달라진 점이 있었습니다. 성평등에 반대하는 입장이 귀족주의에 대한 비판과 기묘하게 결합한 겁니다. 대표적으로 루소는 여성 해방의 요구를 귀족주의적인 악폐로 여겼습니다. 이는 1765년 교육론을 제시하며 출판한 책 『에밀Émile, ou De l'éducation』에서 잘 드러납니다. 『에밀』은 서울대학교 권장 도서에 꼽힐 정도로 대표적인 교육론 고전입니다. 책은 상류층 여성이 양육의 책임을 유모와 가정교사 같은 여성 취약계층에게 일임했다고 비난합니다. "상류층 어머니는 도시의 환락에 젖어 흐느적거리느라 정신이 없다"며, 아들이 어머니에게 길러지지 못해 "유럽이 낳은 학문과 예술, 철학은 머지않아 황폐해질 것"이라고 단언합니다. 상류층 여성이 사회생활을 하느라 바쁘다면, 남편이 양육의 책임을 나눠지면 된다는 생각을 루소는 하지 못한 것입니다.

그러자 까다로운 문제가 남았습니다. 여성이 교육 받지 못하고 정치에 참여하지 못한다면, 여성과 남성이 평등하다고 할 수 있을까요? 프랑스혁명을 이끈 사상가들은 루소에게 영향을 받아 "모든 인간은 자유롭고 평등하게 태어난다"고 믿었습니다. 이 문장을 1789년 프랑스 인권 선언문 제1조에 적어 넣기도 했습니다. 이 말대로라면 계급에 상관없이 모두에게 평등한 교육권과 정치권을 보장해야 하는데, '모두'에 여성을 넣자니 망설여졌습니다. 여성은 가정을 돌보고 아이를 키워야 하는데, 교육과 정치적 권리를 누려도 괜찮은 걸까? 아무래도 안 될 것 같았습니다. 상류층 가정의 집을 돌볼 취약계층이 사라진다면 어머니의 책무가 더욱 무거워지기 때문입니다. 남성은 대학에 가고 직업을 갖고 투표를 할 수 있지만 여성이 그런 권리를 누렸다간 가정이 파탄날 것만 같았습니다.

인간은 평등하다는 주장과 여성은 교육권과 정치권을 누릴 수 없다는 주장은 어떻게 양립할 수 있었을까요? 실제로 이에 대한 토론이 있었습니다. 계몽주의자들이 중심이 되어 편집한 잡지 ≪백과전서≫에서 프랑스 의사 루이 드 조쿠르Louis de Jaucourt는 다음과 같이 썼습니다.

"남편의 권위가 자연에서 왔다는 것을 입증하기가 힘들어 보인다. 이런 권위는 모든 인간이 날 때부터 평등하다는 생각에 반하기 때문이다."

이런 모순을 성적 상보주의가 풀어줬다고 론다 쉬빈저는 말합니다. 성적 상보주의는 여성과 남성은 서로를 보완할 뿐 똑같은 존재가 아니기에 자유와 평등과 행복을 누리는 방법도 다르다고 주장합니다. 그 방법이란 남성에게는 시민적 권리를 쟁취하는 것이고, 여성에게는 어머니의 역할을 하는 것입니다. 즉, 남성은 교육을 받고 직업을 얻고 투표를 하면 자유와 평등과 행복을 누릴 수 있는 반면, 남성과 본성적으로 다른 여성은 아이를 낳고 기르고 가르치는 자유와 권리를 누림으로써 남성과 완전하게 평등해질 수 있다는 것입니다.

여성이 남성과 본성적으로 어떻게 다르기에 이런 구분이 나타난 걸까요? 당시 사람들이 받아들인 여성과 남성의 본성을 묘사한 서적 역시 루소의 『에밀』이 대표적입니다. 루소는 『에밀』에서 여성과 남성은 본질적으로 같으며 여성도 남성과 똑같은 인간이라고 말합니다. 그러면서도 "미세하게 접근해보면 여러 가지 점에서 다르다"고 말합니다. 가장 눈에 띄는 것은 신체적 성별과 관련된 차이입니다. 루소는 신체적인 성 차이가 "정신적인 면이나 도덕적인 면에 영향을 끼치고 있음에 틀림없다"고 단언합니다. 구체적으로는 "남자는 강하고 능동적이며 여자는 약하고 수동적"이라고 말했지요.

루소는 여성과 남성이 같은 목표를 향해 협력한다고 말했습니다. 다만 성차 때문에 협력의 방식은 다릅니다. 여성은 결혼을 하면 "가족에 헌신하며 살림만 하고 지내는 것이 자연의 이치로 보나 이성적 측면으로 보나 가장 합당한 생활 방식"입니다. 아들은 이런 어머니 덕에 가장 튼튼하고 멋진 체격을 가지고 태어날 수 있습니다. 또 자연과학처럼 진리를 탐구하고 원리를 발견하는 일은 여성에게 어울리지 않으므로 남성에게 맡겨야 한다고 주장합니다. 대신 여성은 남성이 발견한 원리를 적용할 수 있습니다. 여성과 남성이 이처럼 서로 다른 위치에서 협력해야만 "인간의 정신은 그 스스로 획득할 수 있는 가장 밝은 지혜에 도달"합니다.

다르지만 평등하다는 말은 언뜻 그럴듯해 보이지만 루소가 나눈 차이는 곧 차별을 의미했습니다. 더 가치 있다고 여겨지는 것들이 대부분 남성에게 주어졌기 때문입니다. 남성이 본래적 고향인 공적 영역에서 과학을 연구하고 노동을 하면 사회는 이들에게 돈을 주지만, 여성이 본래적 고향인 사적 영역에서 아이를 키우고 요리를 하는 것은 무급이었습니다. 여성이 얻을 수 있는 건 돈이 아니라 '보람'일 뿐입니다. 공적 영역에서 활동하는 남성들은 임신과 출산에 대한 법을 만들어 사적 영역을 규율할 권한이 있었지만, 여성들은 남편을 통해서만 간접적으로 사회에 참여할 수 있었습니다. 집에 머무는 것은 여성들의 선택도 아니었거니와 가정의 일이 가치 있게 여겨지지도 않았던 셈입니다.

　　루소의 철학은 프랑스혁명의 자유와 평등 이념에 기여했지만, 성차별에도 큰 영향을 끼쳤습니다. 『에밀』 이후 새롭게 등장한 여성의 본성인 '이상적인 어머니'라는 고정관념을 근거로 여성에게 참정권과 집회권을 부여하지 않겠다는 결정이 내려진 것입니다. 프랑스혁명이 마무리될 무렵, 1792년부터 1795년까지 유지된 프랑스 입법기관 국민공회는 여성에게 "도덕적이고 신체적인 강인함"이 없다면서 정치적 권리를 주지 않기로 결정했습니다. 집회에 참여할 권리를 주지 않는 이유도 여성에게는 "심오하고 진지하게 사고할 능력을 추구할 자질을 지니고 태어나지 않아서"라고 썼습니다. 그러면서 "여성의 역할은 남성을 교육하고 아이들을 시민의 덕성에 맞게 길러내는 것에 있다"고 했습니다. 여성은 이상적인 어머니의 역할을 해야 한다던 성적 상보주의의 주장이 국민공회의 결정에서 엿보입니다.

✦✦ 성차별의 과학적 토대, 해부학

루소의 주장을 포함한 성적 상보주의에는 몸이 정신을 결정한다는 생각이 깔려 있습니다. 남성과 여성의 서로 다른 신체가 정신과 기질의 차이도 만든다는 것입니다. 이런 생각을 토대로 상보주의자들은 남성은 공적 영역에, 여성은 사적 영역에 머물러야 한다고 주장했습니다. 여성과 남성의 신체적 차이가 정신적 차이를 만들고, 나아가 서로에게 어울리는 영역조차 결정한다는 생각은 무엇을 근거로 했을까요? 왜 하필 여성이 집에 머물기 적합한 몸을 가졌다고 생각했을까요? 여기서 해부학과 골상학이 활약했습니다.

루소가 『에밀』을 출판하기 13년 전, 역사상 가장 성차별적이라고 기록될 인체 골격 그림이 프랑스에 등장했습니다. 1726년 영국 해부학자 알렉산더 먼로가 쓴 『뼈의 해부학』을 프랑스어로 번역한 책에 실린 그림이었습니다. 먼로는 아무리 정확히 그리려고 해봐야 그림은 실제와 같을 수 없다고 생각해 그림을 싣지 않았으나, 책을 번역한 해부학자 마리 티로 다르콩빌은 이해에 도움을 주려고 직접 여성과 남성의 골격 그림을 그려 넣었습니다.

다르콩빌이 독자들에게 보여주고 싶었던 것은 여성 골격의 특징이었습니다. 『뼈의 해부학』은 여성 골격의 특징을 세계 최초로 설명한 책이었기 때문입니다. 먼로는 여성은 몸이 약해 남성보다 뼈가 짧고, 아이를 낳아야 하기에 골반이 크다고 주장했습니다. 정적인 생활을 하므로 쇄골이 앞으로 덜 굽는다고도 썼습니다. 실제로는 빳빳하고 불편한 옷을 입어 팔을 앞으로 내밀지 못했던 것이지만 말입니다.

다르콩빌은 그림을 그리면서 먼로의 설명에 자신의 관찰을 더했습니다. 이 그림에 대해 쉬빈저는 "쟁점의 중심이 되는 두 신체 부위를 일부러 풍자한 것처럼 보일 정도로 과장해서 그렸다"고 평가했습니다. 두 신체 부위란 두개골과 골반을 말합니다. 여성은 지성의 상징인 두개골이 남성에 비해 작았습니다. 반면 출산의 상징인 골반은 커 보였는데, 이는 갈비뼈를 잘록하게 그렸기 때문입니다. 이에 대해 쉬빈저는 "평생 코르셋을 착용했던 여성을 표본으로 선택했기 때문일 수 있다"고 추정했습니다. 코르셋이 갈비뼈를 압박해 뼈가 자라지 못하거나 변형된 여성 시신을 선택했을 거라는 뜻입니다.

골격 그림이 세상에 등장했을 때, 골반 뼈가 큰 여성과 두개골이 큰 남성은 정말 서로 보완하는 관계인 것처럼 보였습니다. 두개골이 큰 아들이 태어나려면 어머니의 골반 뼈가 커야 하기 때문입니다. 당시 해부학자들은 여성과 남성의 신체가 어떤 목적을 위해 지금과 같은 모양을 지녔다고 믿었습니다. 즉, 남성은 지성을 발휘하기 위해 두개골이 크게 태어나고, 여성은 모성을 발휘하기 위해 골반 뼈가 크게 태어납니다. 여기서 해부학자가 생각한 '모성'이란 두개골이 큰 남성을 낳을 능력을 말합니다. 이런 과학 이론(?)을 토대로 성적 상보주의자들은 지성이 필요한 정치와 학문의 영역에서는 남성이, 모성이 필요한 집에서는 여성이 자신의 본성을 실현할 수 있다고 믿었습니다.

사실 다르콩빌이 골격 그림을 발표한 1750년대 전에는 해부학자들이 골격의 성차에 큰 관심이 없었습니다. 남성이나 여성이나 골격이 서로 비슷하게 생겼다고 여겼기 때문입니다. 그래서 골격을 그릴 때 여성과 남성을 나누지 않고 하나만 그리거나 앞모습은 남성, 뒷모습은 여성 골격을 그리기도 했습니다. 골격의 성차에 관심을 두기 시작한 것은 해부학자들도 물질을 모든 정신 현상의 근원으로 보는 유물론에 영향을 받았기 때문입니다. 신체 조직이 정신에까지 영향을 미친다고 믿기 시작하자 골격의 성차가 부각되기 시작했습니다. 해부학자들은 골격이 신체에서 가장 견고하므로, 모든 조직과 기관의 기초가 되어 근육과 혈관, 장기를 만들어내고 나아가 성격과 능력까지 만들어낸다고 믿었습니다.

자신의 생각이 틀렸다는 게 증명돼도 해부학자들은 남성의 지성이 여성보다 뛰어나다는 가설만은 버리지 않았습니다. 해부학자 소에머링이 남성과 여성의 두개골 크기를 비슷하게 그렸을 때, 대부분 유럽 해부학자들은 다르콩빌이 더 정확하다고 여겼습니다. 시간이 흘러 여성이 신체 비율상 두개골 크기가 남성보다 크므로 소에머링의 말이 맞았다는 게 19세기에 밝혀지자, 해부학자들은 남성의 지성이 뛰어나다는 가설을 유지하기 위한 다른 근거를 찾기 바빴습니다. 여성이 신체 대비 두개골 비율이 큰 것은 어린 아이처럼 미성숙한 기질을 갖고 있다는 뜻이라거나, 지성은 두개골이 아니라 전두엽의 크기로 결정된다는 등 믿고 싶은 것을 믿기 위해 근거를 찾으려 애썼습니다.

여성이 과학과 어울리지 않는다는 생각이 유럽에 퍼지는 동안, 실제로 과학은 여성이 주로 머물던 살롱과 집을 떠나고 있었습니다. 대학과 아카데미가 과학자를 양육하는 전문적인 곳으로 과학계를 둘러싼 구조가 재편되면서 집에서 독학만 해서는 더 이상 과학자로 인정받기 어려워졌습니다. 여성이 과학에 다가설 길이 차단되자 과학 분야에는 정말로 남성만이 남았습니다. 과학자는 모두 남성이라는 것을 목격한 사람들은 여성은 과학에 소질이 없다고 쉽게 믿었습니다. 성적 상보주의와 해부학과 골상학은 18세기와 19세기 유럽을 휩쓸며 이런 믿음을 뒷받침했습니다. 여성이 처한 현실적인 제약과 이를 정당화하는 과학과 철학의 노력이 서로가 서로를 부풀리며 여성을 수학과 과학에게서 멀어지게 한 것입니다.

제11화
이별 준비

엘리…

멍~

엘리…?!

엘리!

마감하느라 정신이 없나요?!

깜짝

아앗! 죄송해요! 잠시 다른 생각을 하고 있었어요!

마리아 아녜시 교수님이 이탈리아로 돌아가신대길래…

그 일로 좀…. 생각이 정리가 안 돼서요.

아? 그 수학 교수?

이탈리아는 여자가 박사도 하고 교수도 하는 게 신기하네요.

아녜시라는 분이 유별난 건가요?

아녜시 교수님이 대단한 것도 있지만 꼭 그런 것만은 아녜요!

아녜시 교수님이 계시는 대학에 여성 교수가 몇 분 더 있다고 들었어요.

로라 바시.

1732년 여성 최초로 대학 교수가 되어 볼로냐대학교에서 철학과 물리학, 의학을 연구했다.

이후 18세기에만 나예시를 포함한 세 명의 여성학자가 바시의 뒤를 이었다.
1776년 바시는 실험물리학과의 정교수로 취임하면서 세계 최초 여성 정교수가 됐다.

1745년 교황청이 유럽 전역에서 우수한 학자를 뽑은 '베네딕토 석좌 학자' 25명 중에 유일한 여성으로 선정됐다.

바시가 여성이라는 이유로 일어나는 논란 속에서도 1778년 세상을 떠날 때까지 자리를 지켰다.

세상이 많이 바뀌고 있네요.

…지난번에 대학 가보라고 등 떠밀어 상처만 줘서 미안해요.

깜짝

아얏?! 들으셨군요? 아니에요! 괜찮아요!

언젠가 엘리 같은 여자 아이도 대학에서 공부할 수 있는 날이 오겠죠?

바이튼 부인께서 수수께끼 파트를 가져왔어요.

오, 수고했다, 엘리야.

늘 그랬지만 일을 도와줘서 고맙다.

지난 편집장이 여러 수학자와 다투면서 한때 주춤했던 판매량도 회복되고 말이야.

MAKE THE LADIES' DIARY GREAT AGAIN !

이제는 예전처럼 잘 팔리고 있다는구나!

…그래서 부탁이 있는데요.

음?

오… 좋은 생각이긴 한데….

아직 동판화도 준비 안 됐고 편집해야 할 것도 꽤 남아 있어.

아녜시 교수님이랑 돌아다니면서 만든 이번 호, 몇 부만 일찍 만들어서 이탈리아로 돌아가시는 날 선물하고 싶어요.

손이 부족해서 그건 좀 힘들 것 같은데…?

굵적

초단기 마감이구나….
이거 좋은 걸…?

도와줘서 정말
고마워요!

납
죽

다음에도 재밌는
걸로 만들어줘~.

아, 엘리
지난번에 부탁한
책이야.

앗! 고마워,
데이지!

광학?

광학은 왜?

빛을 연구하는 광학은
당시 인기 있는
물리학 분야였다.

계속 여기 조수로
일할 순 없으니까요.

렌즈 깎는 기술이라도
있으면 여자 혼자서라도
공부하면서 살아볼 수
있지 않을까 해서요.

또 필요한 거
있으면 얘기해.

거, 퇴사 선언을
상큼하게 하네.

응, 고마워!

꿀
꺽

맞아….
이젠.

교수님,
이거 받아요.

나는 울면 안 돼.
강해져야 해.

앞으로 만날 일은
없겠지만

늘 감사할
거예요.

★아녜시와 이별한 엘리는 무사히 수학을 공부할 수 있을까?★

귀향

이탈리아에 돌아가선 뭐하지….

대학 교수로 재직하는 거 말고도….

….

저도 수학 공부를 받을 수 있는 기회가 좀 더 많았으면 좋겠어요.

기회가 없는 아이들이 많겠지.

고양이

흐어어어엉

으아아아앙

히끅   히끅

많이 보고 싶….

헷… 고양이 귀엽당….

주변인이 모두 노벨상을 받았네

로절린드 프랭클린

+ Rosalind Franklin
+ 1920~1958
+ 화학자, 엑스선결정학자

DNA의 구조를 밝히려는 경쟁이 한창이던 1953년, 생물학자 제임스 왓슨James Watson이 실험 과학자에게 협력을 요청하려고 영국 킹스대학교를 다급히 찾았다. 입방정만 떨지 않았다면 가능했을지도 모른다. 왓슨은 엑스선결정학 전문가 로절린드 프랭클린을 만나 DNA를 엑스선으로 촬영할 줄은 알아도 이미지를 해석하는 법을 모르지 않냐고 말했다. 무례한 말에 프랭클린이 화를 내자 왓슨은 프랭클린과 사이가 좋지 않던 연구자 모리스 윌킨스에게 쪼르르 달려가 이 일을 털어놨다. 동정심에 젖은 윌킨스는 프랭클린이 만든 DNA 이미지 '포토 51'을 허락 없이 보여줬다. 포토 51은 당대 최고로 선명한 DNA 이미지였으나 프랭클린은 출판하지 않고 있었다. 왓슨이 모형부터 제안하고 증명은 나중에 하면 된다고 생각했던 반면, 프랭클린은 증거를 충분히 확보해야 모형을 제안할 수 있다고 믿었기 때문이다. 포토 51을 훔쳐 본 왓슨은 생물학자 프랜시스 크릭과 함께 DNA가 이중나선구조로 이뤄져 있다는 짧은 논문을 발표하며 프랭클린의 데이터에 '영감을 받았다'고만 적었다. 1963년 왓슨과 크릭, 윌킨스가 DNA 구조를 밝힌 공로로 노벨생리의학상을 받을 때 프랭클린은 난소암으로 일찍 세상을 떠나고 없었다. 물론 프랭클린이 살아 있었더라도 여성의 기여를 폄하하던 분위기 탓에 상을 받지 못했을 거라 믿는 사람도 많다. 프랭클린은 이 사건으로만 기억돼서는 안 될 정도로 석탄과 흑연 연구에 큰 기여를 했다. 특히 담배모자이크바이러스를 연구해 바이러스 구조를 최초로 밝혔다는 사실은 잊어선 안 된다. 후배였던 아론 클러그는 이 연구를 이어나가 1982년 노벨화학상을 받았다. 이런 이유로 프랭클린이 살아만 있었다면 바이러스 연구로 노벨상을 받았을 거라는 의견도 있다.

18세기 이탈리아 대학에는
여자가 있었다

✦✦ 세계 최초의 여성 교수가 이탈리아에서 탄생한 이유

아직 여성이 과학과 수학에서 멀어지지 않은 1732년, 젊은 여자가 박사학위에 도전한다는 소문이 이탈리아 볼로냐 거리에 깔렸습니다. 볼로냐 시민들에게 이 일은 마치 서당개가 서당을 졸업한다는 것만큼이나 진기한 일이었을지도 모릅니다. 여성이 수학과 과학을 여가 생활로 즐기는 건 제법 흔한 일이었지만, 대학 학위를 따는 일은 상상하기 어려웠기 때문입니다.

호기심에 가득 찬 볼로냐 시민들은 공개 학위 심사가 열리는 곳에 모였습니다. 심사 장소는 유명한 정치인의 저택이자 오늘날에는 아꾸르시오궁이라고 불리는 푸블리오궁이었습니다. 붉은 커튼으로 화려하게 장식한 홀에 스물한 살의 로라 바시가 섰습니다. 맞은편에는 볼로냐 대학교의 정교수 두 명과 교수 다섯 명이 심사 준비를 했고, 양 옆에는 귀족과 사제, 학자, 외국인 등이 수십 명 혹은 수백 명 모여 앉았습니다. 오겠다는 사람이 많아 장소까지 바꿔가며 연 심사였습니다. 후보가 남학생이었다면 학교에서 조용히 심사를 치렀을 테니, 바시는 사실상 연예인이나 다름없었습니다.

물리학과 형이상학, 존재와 이성의 본질 등 질문 49개가 쏟아졌습니다. 결과는 모르는 일이었습니다. 10년 전 같은 도전을 했던 여성이 실패한 바 있었습니다. 성공한 여성이라곤 45년 전 이탈리아 파도바대학교에서 박사 학위를 받은 엘레나 피스코피아Elena Piscopia가 전 세계에서 유일했습니다. 다행인 건 바시가 몇 달 전 볼로냐 과학아카데미에 최초 여성 회원으로 선출될 만큼 능력이 검증돼 있었다는 겁니다. 모든 질문에 완벽하게 답한 바시는 학위 취득에 성공했고, 몇 달 뒤 볼로냐대학교에서 심사를 더 거쳐 여성으로는 세계 최초로 봉급을 받는 교수가 됐습니다.

이탈리아는 분명 독특했습니다. 12~15세기 유럽 곳곳에서 대학이 탄생한 뒤 19세기 초까지 여성에게 대학을 허락한 나라는 거의 없었습니다. 대학은 성직자와 의사, 법률가 같은 남성만 가질 수 있는 직업을 위해 만든 곳이라 여성 배제가 처음엔 당연했고 나중엔 관습이 됐습니다. 여성들은 중세에 수도원에서 공부할 수 있었기 때문에 대학의 등장은 여성에게서 교육 기회를 오히려 빼앗았습니다. 단 한 나라, 이탈리아만은 예외였습니다. 여성에게 학위와 교수직을 간간이 줬기 때문입니다. 피스코피아와 바시, 마리아 아녜시에 이어 볼로냐대학교 해부학 교수 안나 모란디 만졸리니Anna Morandi Manzolini와 볼로냐대학교 산과의 관리자 마리아 달 도네Maria Dalle Donne가 이탈리아에서 나왔습니다.

그렇다고 여성 학자가 남성 학자와 평등한 지위를 누렸던 것은 아닙니다. 18세기 이탈리아 학계가 여성에 호의적이었던 이유는 바시를 심사한 방법에서 짐작할 수 있습니다. 이탈리아 교육학자 마르타 카바차는 여성 지식인을 광장에 세우는 행사를 '여성 지식의 화려한 쇼'라고 불렀습니다. 당시 볼로냐는 똑똑한 여성을 마치 춤추는 곰처럼 신기하게 바라보며 전시하는 문화가 있었습니다. 바시 역시 교수가 되어서도 필요할 때에만 대중 앞에서 지식을 뽐내고, 그렇지 않을 때는 집에 조용히 머물기를 기대 받았습니다.

많은 사람들이 바시를 '순결한 미네르바'라 부르며 바시가 결혼하지 않고 과학과 신만을 사랑해야 한다고 생각했습니다. 미네르바는 지혜와 순결을 상징하는 로마의 여신입니다.

✦✦ 로라 바시, 재주넘기를 거부하다

바시도 호락호락한 여성은 아니었습니다. 공개 심사와 강연 요청을 받아들이며 시대가 원하는 여성상에 입맛을 맞춰주기는 했으나, 연구에 명확히 방해가 되는 걸림돌은 거리낌 없이 헤쳐 나갔습니다. 바시가 결혼한 것도 보다 자유로운 학문 활동을 위해서였습니다. 당시 대학은 바시가 여성이라는 이유로 정기 수업을 열어주지 않았습니다. 바시는 집에서 연구하고 수업하다 간간이 아카데미에 가서 최신 과학 소식을 접했습니다. 결혼하지 않은 여성이 아카데미에서 남성을 만난다는 이유로 불쾌한 소문이 돌자, 바시는 순결한 여성이라는 이미지를 벗어던지기로 마음먹었습니다. 볼로냐대학교 동료 물리학자와 결혼한 것입니다. 남편과 함께라면 남성을 보다 자유롭게 만날 수 있었습니다.

결혼 이후 사정은 좀 나아졌지만 여전히 여성이 아카데미에 들락거리는 걸 불평하는 사람들이 있었습니다. 다음 기회는 1745년에 왔습니다. 마리아 아녜시에게 교수직을 주기도 했던 교황 베네딕트 14세가 침체되어 가는 아카데미를 활성화하기 위해 뛰어난 학자 24명을 모아 교황 직속 학자 모임인 '베네딕토회'를 만들었습니다. 처음엔 베네딕토회에 남편은 선출됐지만 바시는 그러지 못했습니다. 바시의 연구 성과가 남편보다 뛰어나다는 건 이미 알려져 있던 터라 바시는 가만히 있을 수 없었습니다. 결국 인원을 1명 더 늘려 자신을 뽑아달라고 교황에게 청했습니다. 여성의 학문 활동을 권장했던 교황은 직권으로 바시를 뽑아 '베네딕토회 석좌 교수 25인'이 탄생했습니다.

사실 바시의 꿍꿍이는 단순히 명예로운 직책을 얻는 데 있지 않았습니다. 베네딕토회에 들어간 순간 자유로운 학문 활동이 보장됐습니다. 회원들은 의무적으로 매년 논문을 한 편 이상 발표하고 1년간 열리는 아카데미 모임에 네 번 중 세 번 이상 참석해야 했기 때문입니다. 바시는 1745년에 쓴 편지에서 이런 규정이 '자신의 적을 침묵시킬 것'이라고 말했습니다. 아카데미에 참석하고 논문을 발표하는 일이 교황이

시켜서 하는 일이라면, 여기에 토를 달 수 있는 사람은 아무도 없기 때문입니다. 이후로 바시는 아카데미에서 최신 과학을 지속해서 접하며 1778년 세상을 떠날 때까지 베네딕토회 회원으로 활동했습니다.

이 같은 전략적인 선택 덕에 바시는 연구 활동을 활발히 할 수 있었습니다. 모든 것은 대학이 아니라 집에서 이뤄졌지만 말입니다. 1747년에는 습도가 높은 날에는 보일의 법칙이 다르게 작동한다는 논문을 발표했습니다. 보일의 법칙은 기체의 부피가 압력에 비례하고 온도에 반비례한다고 설명하는데, 습도가 높으면 압력을 두 배 높여도 부피가 절반으로 줄어들지 않는다는 것을 발견한 겁니다. 수증기의 성질이 명확히 밝혀지지 않은 당시에는 의미 있는 한 걸음이었습니다. 이외에도 바시는 전기 실험 장치를 만들거나 물속 공기 방울의 성질을 연구해 성과를 인정받았습니다. 마침내 1776년 볼로냐대학교의 실험물리학 정교수가 세상을 떠났을 때, 바시는 65세 나이로 여성 최초의 대학 정교수가 됐습니다.

✦✦ 여성이 만든 '플라잉 대학교'와 마리 퀴리

그렇다면 여성은 언제부터 대학에서 공부할 수 있게 됐을까요? "언젠가 엘리 같은 여자 아이도 대학에서 공부할 수 있는 날이 오겠죠?"라는 엘리자베스 바이튼의 말은 약 100년이 지나서야 현실이 됐습니다. 그 100년 동안 대학을 여성에게 개방하는 것을 반대한 사람들은 "여성이 두뇌를 너무 많이 사용하면 기력이 약해지며, 기력이 약해지면 피를 빼앗기기 때문에 여성의 자궁을 오그라들게 할 것"이라고 주장했습니다. 18세기 말 유럽에 퍼진 해부학과 상보주의가 교육 불평등의 근거로도 활용된 것입니다.

유럽과 남북 아메리카의 대학 대부분이 여성에게 문을 연 것은 19세기 말과 20세기 초엽이었습니다. 처음엔 입학과 함께 일부 전공만 허락했고, 나중엔 더 많은 전공과 학위를 허락했으며, 결국엔 박사 학위와 교수직도 열렸습니다. 한국을 포함한 여러 식민지 사회에서는 비슷한 시기에 선교사가 대학 교육을 제공하기 시작했습니다. 1886년 '이화학당'이라는 이름으로 설립돼 한국 최초로 여성에게 대학 교육을 제공한 이화여자대학교와 1946년 한국 최초로 공학이 된 연세대학교가 대표적인 사례입니다.

이처럼 세계 곳곳의 대학이 여성을 받아들이던 때에 남성만 대학에 갈 수 있는 나라에 태어난 여성들은 직접 대학을 만들기도 했습니다. 세계에서 가장 유명한 여성 과학자인 마리 퀴리Maria Curie도 그 대학에 다녔습니다. 마리 퀴리가 태어났던 19세기 후반 폴란드는 세 갈래로 쪼개져 프로이센과 러시아, 오스트리아의 지배를 받아야 했습니다. 정권은 피지배층이 저항할까 두려워 교육 기회를 박탈했습니다. 대학 수업과 연구를 끊임없이 검열했고 여성에게는 입학 허가조차 내주지 않았습니다. 프랑스와 스위스 등이 여성에게 대학 입학을 허가하는 동안 폴란드만은 요지부동이었습니다.

퀴리는 겨우 열다섯 살에 고등학교를 우수하게 마치고도 바르샤바대학교에 진학할 수 없었습니다. 다행히도 지하에서 운영되는 대학교가 있었습니다. 바르샤바 곳곳에 교실을 마련한 '플라잉대학교Uniwersytet Latający'였습니다. 플라잉대학교는 여성운동가이자 교육자인 야드비가 슈차빈스카-다비도바가 여성 교사를 육성하기 위해 집에서 1883년 혹은 1884년에 처음 만든 교실이었습니다. 처음엔 작았지만, 정권의 검열에 신물이 난 대학 교수들이 적극적으로 나서면서 플라잉대학교는 곧 대학 수준의 교육을 하는 곳으로 변했습니다. 물론 모든 것은 불법이었으므로 수업은 이 집과 저 집을 오가며 몰래 열렸습니다. '플라잉'이라는 이름은 동에 번쩍, 서에 번쩍 한다는 뜻으로 붙인 것입니다.

플라잉대학교의 규모는 금세 커졌습니다. 경찰 기록상으로는 개교한 뒤 처음 2년 동안 자연과학과 수학, 인문학, 사회학 등 여러 학문 분야를 망라해 가르쳤습니다. 수준도 상당해서 바르샤바대학교보다 더 나은 교육을 제공한다는 평가가 있을 정도가 됐습니다. 그러자 남학생도 플라잉대학교를 찾기 시작했습니다. 여학생으로만 이뤄져 있던 작은 교실이 어느새 공학이 되면서 플라잉대학교는 개교 10년이 채 안 돼 등록 학생 수가 약 1,000명이 됐습니다. 퀴리는 졸업생 중 가장 유명한 학자입니다.

플라잉대학교의 유일한 단점은 공식 학위를 주지 못한다는 거였습니다. 과학자가 되고 싶었던 퀴리는 학위가 필요했습니다. 결국 교사로 일해 돈을 마련한 뒤 1891년 프랑스로 유학을 갔습니다. 파리에는 여성도 다닐 수 있는 소르본대학교가 있었기 때문입니다. 대학 입학을 위해 유학을 하는 여성은 퀴리만이 아니었습니다. 유럽에서 두 번째로 공학이 된 스위스 취리히대학교에는 폴란드에서 와서 훗날 철학자이자 혁명가가 되는 로자 룩셈부르크Rosa Luxemburg와 세르비아에서 와서 훗날 수리물리학자가 되는 밀레바 마리치Mileva Maric가 있었습니다. 밀레바는 이곳에서 알베르트 아인슈타인을 만나 결혼한 뒤 상대성이론의 수학적 근거를 마련하는 데 깊이 도움을 줍니다.

퀴리는 소르본대학교에서 수학과 물리학을 전공한 뒤 연구를 이어 갔습니다. '방사능'이라는 단어를 처음 사용하고, 방사성 원소인 라듐을 발견했습니다. 관련 분야에서 연구 성과를 인정받은 퀴리는 훗날 노벨화학상과 물리학상을 모두 받은 과학자이자 최초의 여성 노벨상 수상자가 됐습니다.

여성에게 더 일찍 대학을 허락했다면 퀴리처럼 뛰어난 여성이 과학 분야에서 더 많이 나타났을지도 모르는 일입니다. 참고로, 퀴리는 이처럼 큰 업적을 거두고도 파리 과학아카데미에 회원으로 선출되지 못했습니다. 여성을 받지 않는 게 '전통'이라는 이유였습니다.

제12화
우리
다시 만나

지금 이게 뭘 하신 건지 아세요…!?

이렇게 허구한 날 시내를 싸돌아다니니 런던 시내에 남자들이 널 어떻게 생각하겠니.

어제 일하러 가다가 동네 남자애들이 너에 관해 이야기하는 걸 들었다.

'저게 여자냐'고.

194

엘리야. 아버지는 네가 제대로 된 집안에 시집가서 번듯하게 잘 살아가길 바란다.

여자에게 수학 공부는 그만하면 됐어. 그리 돌아다니다 소문이 안 좋게 나서 결혼도 못 하게 되면 행복하게 살 수 있겠니?

애잔...

이건 안 타고 무사해서 다행이야….

부탁이다, 엘리. 이제 제발 정신 차려다오.

저벅

아.

아버지 말을 제대로 듣기는….

벅 러

저한텐 이게 더 중요해요!

움찔

으악, 소리 질러버렸다.

아녜시 교수님도 아버지랑 충돌한 적 있다고 하셨는데….

교수님이라면 이 상황에서 어떻게 하셨을까?

얼마 지나지 않은 1761년, 편집장 토마스 심슨이 세상을 떠난다.

엘리….

소식 들었어?

끼 리 리

응.

너무 일찍 돌아가신 거 같아.

편집장님마저 떠나서서 이젠 정말 우리들끼리 해내야 해.

편집장님이 어렸을 때 방직을 짜는 일을 하면서 틈틈이 혼자 공부해서 수학자가 되셨듯이, 우리도….

연구하시던 내용 진작 많이 물어볼 걸 그랬어. 이제 나 혼자라도 공부해 봐야지.

아얏!

엘리! 손에서 피가 나!

알아, 알아. 별거 아냐.

달그락

그리고 10년 뒤.

야, 이 여자가 쪼잔하게 왜 이러나? 좀 싸게 해달라니까?

아니, 계약서대로 해야지. 갑자기 뭔 헛소리야?

아니, 여자가 남자한테 대하는 말버릇이 그게 뭐야?

Campbell

뭐가 어째? 한두 푼으로 쪼잔하게 굴 땐 언제고, 불리하니까 갑자기 남성성을 드러내네?

이게 보자보자 하니까…!

바 락

바 락

싫으면
거래 안 하고
그냥 가도 돼요.

이 정도의 프리즘은
광학 연구하는
다른 물리학자들한테
팔면 되니까~.

그리고 여기보다
싼 곳은 별로 없는 거
알죠?

칫…! 돈 줄 테니
그거 주슈!

콰

양

홀
짝

엘리가 렌즈 깎는
손재주만 좋은 줄
알았는데

장사에도
소질이 있구나~.

휴, 말도 마. 광학 연구하겠다고
프리즘 사러 오는 물리학자나
망원경에 쓰일 렌즈 사러오는
천문학자들 말고도,

취미로 이것저것 해보겠다고
렌즈 사러오는 고객들도
많아서 별의 별 사람들을
다 만나게 돼.

게다가 주말마다 찾아오는 짜증나는 생물학자도 있어! 현미경에 쓰일 코딱지만 한 렌즈를 의뢰하고는 얼마나 쪼잔하게 구는지! 코르크마개로 보이는 세포보다 속이 좁은 인간이야!

하하하

그래도 내가 보기엔 이렇게 학자들이랑 교류하는 일을 하니까 자료도 많이 접할 수 있어서 좋은 거 같아.

달그락

들기로는 가끔 귀족들 안경 한 번 맞춰주면 몇 개월은 일 안하고 수학 연구만 하면서 쉰다며?

내가 그러려고 이 일을 시작한 거 아니겠니.

부럽다, 야.

너한테 온 편지들을 보니 너도 꽤나 다양한 귀족들과 편지를 주고 받으며 연구하는 것 같다?

뭔 이름이 이렇게 길어.

귀족들이라….

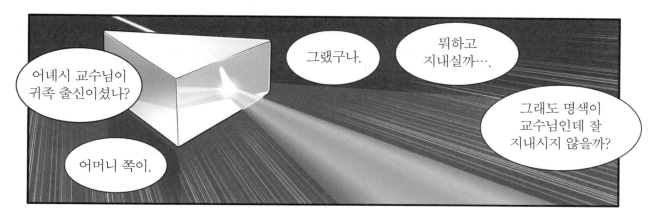

어녜시 교수님이 귀족 출신이셨나?

어머니 쪽이.

그랬구나.

뭐하고 지내실까….

그래도 명색이 교수님인데 잘 지내시지 않을까?

글쎄, 교수님은 예전부터 자기가 교수인 걸 그닥 내세우시질 않았어.

대학보다 공부할 기회가 없는 여성과 가난한 아이들을 가르치는 게 훨씬 의미가 깊을 거라고 말씀하신 적도 있고.

어쩌면 그런 교육에 힘쓰고 계실지도.

하긴, 의외로 따뜻하신 분이야.

처음 뵈었을 때는 살짝 무서웠는데 동생들이 걱정된다며 이탈리아로 돌아가시는 모습을 보고 '저런 면도 있구나~' 싶었어.

음?

부스럭

엘, 엘리야, 이탈리아에서 온 이 편지는 뭐니?!

설마…. 아녜시 교수님?!

벌떡

아, 그건 아니고. 내 고객인 천문학자인데….

손이 필요하니 급히 이탈리아로 와달라고 하시네.

이, 이탈리아?!

갈 거야?! 이탈리아로?!

그야,

당연하지.

끼룩 끼룩

『숙녀들의 수첩』
신간이 나왔습니다~.

먼 길 가시는 분은
심심할 때
읽으시기 좋아요~.

맞다.
『숙녀들의 수첩』 신간이
나왔으니까.
먼 길 가는 길에
하나 챙겨봐

참고로 지난 호에
상금 걸린 문제는
윌리엄이라는 사람이
풀었는데 정답은
바로….

『숙녀들의 수첩』
신간이 나왔어요~.

아, 그거
내가 가명 써서
보낸 거야.
상금은 잘 받았어..

헉.

그럼 난
이만 배 타러 갈게!

호다닥

그래,
잘 다녀와.

기왕
이탈리아로 가는 거,
아녜시 교수님
찾아가봐.

요즘 연구하면서
잘 안 풀리는 것들 같이
해보자고 제안하는 건
어때?

농담

말이야
쉽지!

넌
『숙녀들의 수첩』
일이나 잘 해!

다음 호를
기대할게!

응! 네가 만든 것보다
더 재미있게 잘
만들고 있어~!

이번 호를 보면서
풀 죽지 말라고!

엘리가 고군분투해서 만들던 『숙녀들의 수첩』은 그 후로도 수많은 여성에게 사랑받으며 무려 137년간 발행된다.

그리고 1941년, 잡지의 인기에 힘입어 『숙녀와 신사들의 수첩』으로 다시 탄생한다.

여성이 수학과 어울리지 않는다고 생각하는 사람도 있지만,

『숙녀들의 수첩』 사례에서 보듯 200년 전에도 수학은 여성에게 권장되었으며, 사람들은 여성이 수학을 잘하고 또 즐긴다고 생각했다.

과거 여성수학자가 적었던 이유는

여성이 학계에서 활동할 기회가 적었기 때문일 것이다.

교수님!

제가 요즘하는 연구….

같이하시지 않을래요?

엘리…!

★『숙녀들의 수첩』을 읽어주셔서 감사합니다.★

망원경 1

망원경 2

옥수수로 '방랑하는 유전자' 찾다

바버라 매클린톡

◆ Barbara McClintock
◆ 1902~1992
◆ 세포유전학자

옥수수가 싹을 틔울 때부터 열매를 맺을 때까지 바버라 매클린톡은 매일 옥수수 밭을 걸었다. 줄기 사이에서 몸을 스치는 이파리를 보면 생각했다. '음, 이파리에 줄무늬가 생겼군. 우세한 형질과 열등한 형질이 서로 섞여 있다는 얘기지.' 동료들 역시 옥수수를 매일 관찰한 건 사실이지만, 매틀린톡은 유별났다. "옥수수를 혼자 내버려두고 싶지 않았다"고 말할 정도로 애정이 각별했다.

그러니 여자가 똑똑하면 좋은 남자를 만나기 힘들다는 어머니의 반대에도 매클린톡이 대학에 간 건 인류에게 다행스러운 일이었다. 매클린톡은 미국 코넬대학교에서 강사로 임명된 지 3년 만에 중요한 결과를 냈다. 염색체들이 자기 몸의 일부를 서로 주고받는다는 유전학계의 이론을 입증한 것이다. 이 연구로 매클린톡은 주목을 받았으나 미국 대학은 여전히 여자를 정교수로 임명하길 꺼렸다. 동료 남성 과학자들이 자리를 잡는 동안 매클린톡은 여러 대학을 전전하다 1941년 콜드스프링하버연구소에 들어갔다.

강의 부담도 없고 '금녀'의 구역인 교수 모임도 없는 곳에서 매클린톡은 자유를 느꼈다. 옥수수 낟알의 색깔이 보라색, 하얀색, 얼룩무늬 등 다양하게 나타나는 이유를 연구하다 1950년 '이동성 유전자'를 발견했다. 일부 유전자가 염색체에 붙박여 있는 것이 아니라 메뚜기처럼 뛰어 돌아다닌다는 것이다. 이동성 유전자가 뛰어올라 보라색 낟알을 만드는 유전자에 쏙 들어가면 그 유전자의 발현을 막는 식이었다. 1960년대 추가적인 증거가 발견되면서 이 주장이 널리 인정받아 1983년 매클린톡은 노벨생리의학상을 받았다.

마리아 아녜시와 숙녀들의 수첩,
그후

✦✦ 아녜시는 묘비가 필요 없었다

다시 2019년 2월, 갈로아 작가가 마리아 아녜시의 생가를 방문한 다음 날로 돌아가봅시다. 아녜시의 흔적이 있는 이탈리아 밀라노 공동묘지 기념공원을 찾았다는 소식이 갈로아 작가에게서 왔습니다. 갈로아 작가는 흥분에 차서 "가장 비싸 보이는 건물 안쪽 중간 구역의 벽 중간에 아녜시가 딱!" 있다며 사진을 보내왔습니다. 보낸 사진 속에는 화려한 장식으로 꾸민 벽면 중앙에 아녜시의 얼굴 옆모습이 새겨져 있었습니다. 마치 만화 『나루토』에서 마을의 존경을 받아 바위에 얼굴이 새겨진 '호카게'처럼 보였습니다. 저는 마리아 아녜시가 밀라노에서 제일가는 부잣집 자손이라 공동묘지에서도 좋은 위치를 차지했을 거라고 단순하게 생각했습니다.

그러나 실제는 달랐습니다. 19세기에 만든 기념공원은 아녜시를 기렸지만, 아녜시의 마지막 순간은 소박하고 조용했습니다. 1799년 82살이 된 아녜시는 병원처럼 쓰이던 '피오 알베르고 트리불치오 Pio Albergo Trivulzio'에서 숨을 거뒀습니다. 이 병원의 이름은 트리불치오의 자선 호텔이라는 뜻으로, 밀라노 귀족 톨로메오 트리불치오가 1771년 가난하고 아픈 자들을 위해 사용해달라고 기증한 곳입니다. 아녜시는 이곳에서 여성 병동 관리자로 임명되어 일하다 1783년부터는 아예 집을 떠나 병원에 들어와 살았습니다. 가난한 이들에게 가야 할 비용을

축내지 않기 위해 우겨서 숙박료도 냈습니다. 병원은 금세 커져 1791년에는 환자 수가 460명까지 늘었습니다. 아녜시는 숨을 거둘 때까지 이곳에서 약자들을 돌보다 묘비도 없이 환자 15명과 함께 묻혔습니다. 이탈리아 북부가 전쟁에 휩싸여 모든 행사가 금지된 시기라 사제도 없이 장례식이 치러졌습니다.

이처럼 아녜시는 미적분학 교과서를 써서 유명해졌음에도 인생의 대부분은 가난하고 아픈 여성을 도우면서 보냈습니다. 1748년 『청년들을 위한 미분적분학』을 출간한 뒤로는 그 어떤 수학 책이나 논문을 내지 않았습니다. 1750년 교황 베네딕트 14세가 여성으로는 세계 최초로 아녜시를 수학 교수에 임명했지만, 아녜시가 이 직책을 받아들였는지에 대해서도 설왕설래가 많습니다. 문헌에 따라 2년 동안 교수직을 유지했다거나, 교수직은 받아들였지만 강의는 하지 않았다거나, 서류상으로만 교수로 남아 있었다는 등의 이야기가 있습니다. 분명한 것은 이탈리아 사회가 여성 학자를 '전시'하기 위해 로라 바시에게 그랬던 것처럼 아녜시에게도 공개 강연을 요청했으나, 아녜시는 이를 매번 거절했다는 사실입니다.

집에서 열리는 학술 좌담회에 간간이 얼굴을 비추던 일도 1752년 아버지가 세상을 떠난 뒤로는 멈추었습니다. 의사는 아녜시의 아버지가 좌담회를 둘러싼 '시끄러운 다툼' 탓에 몸이 안 좋아졌다고 말했습니다. 이 다툼은 좌담회에 참석한 정부 관계자가 아녜시의 아버지를 두고 딸을 결혼시키거나 수도원에 보내지 않고 '기이한 사회적 림보'에 둔다고 비난해서 벌어졌습니다. 귀족이 되려는 욕심 때문에 여성이 마땅히 있어야 할 자리에 딸을 보내지 않는다는 거지요. 아녜시가 철학자가 된 것과 아녜시의 동생이 작곡자가 된 것을 두고 하는 말이었습니다. 아녜시 역시 여성이 사회생활을 하는 것에 대한 세간의 불만을 피하지 못했던 셈입니다. 다툼 직후 아녜시의 아버지는 '강한 가슴 통증'을 느끼는 등 '신체적 상태조차 변했'고, 2주가 채 지나지 않아 세상을 떠나고 말았습니다.

아버지가 사망한 뒤 아녜시가 가장 먼저 한 일은 재산을 포기하는 일이었습니다. 아버지에게 물려받은 것만이 아니라 귀족이던 외삼촌에게 물려받은 것까지 어마어마했던 재산을 모두 형제 둘에게 주며 두 가지 조건을 제시했습니다. 매년 연금을 주고 저택에서 계속 살 수 있도록 해달라는 것이었습니다. 저택을 요구한 이유는 자선 활동 때문이었습니다. 아버지의 눈치를 보느라 자유롭게 데려오지 못했던 병들고 가난한 여성들에게 방을 맘껏 개방할 속셈이었습니다. 아녜시의 전기를 쓴 루이사 안촐레티는 아녜시의 집이 훗날 "개인 병원처럼 됐다"고 썼습니다. 아녜시는 1760년 혹은 1761년까지 이 집에서 여성들을 돌보았습니다. 얼마 안 남은 재산도 곳곳에 기부해 아녜시는 세상을 떠날 때까지 소박하게 살았습니다. 수녀가 된 여동생과 자선 단체와 하녀, 빚 때문에 감옥에 갇힌 가난한 사람들, 알제리와 투르크족에게 노예가 된 여성 크리스천 등이 아녜시의 도움을 받았습니다.

아녜시가 사교계와 학계를 떠난 뒤에도 찾아오는 사람들은 꾸준히 있었지만, 대부분의 면담 요청과 편지에 응답하지 않았습니다. 조제프 루이 라그랑주Joseph-Louis Lagrange와 같은 수학자도 자신의 연구 결과를 검토해달라는 편지를 보냈으나 아녜시가 답장을 했다는 기록은 없습니다. 안촐레티의 전기에 따르면, 아녜시는 자신을 만나고 싶어 하는 사람들에게 수학 연구를 중단한 이유를 이렇게 설명했습니다.

"제 연구가 신에게 영광을 가져다주었기를 희망합니다. (중략) 이제 저는 신에게 봉사할 더 좋은 길을 찾았을 뿐입니다."

두 번째 여성 수학 교수는 아녜시가 최초의 여성 수학 교수로 임명된 지 132년이 지난 1884년에야 탄생했습니다. 스웨덴 스톡홀름대학교에서 교수가 된 소피야 코발레스카야Sofia Kovalevskaya입니다.

✦✦ ≪숙녀들의 수첩≫이 남긴 흔적들

한편, ≪숙녀들의 수첩≫은 점점 수학적 전문성이 짙어져 유명한 난제가 실릴 정도가 됐습니다. 1850년, 숙녀들의 수첩의 명맥을 이은 ≪숙녀와 신사들의 수첩Lady's and Gentleman's Diary≫은 앞으로 150년간 수학자들에게 일을 줄 문제를 하나 받았습니다. 영국 수학자 토머스 커크먼Thomas Kirkman이 보내서 '커크먼의 여학생 문제'라 이름이 붙은 이 문제는 다음과 같습니다.

"어느 학교에서 여학생 15명이 매일 아침마다 3명씩 줄을 서서 차례로 행진한다. 7일 동안 어느 두 학생도 같은 줄에서 두 번 이상 만나지 않도록 조를 짜보아라."

각 여학생에게 이름을 지어주고 시간을 쏟으면 사례 한두 개를 찾는 것은 어려운 일이 아닐지도 모릅니다. 반면 조건을 만족하는 경우가 총 몇 가지인지를 알아내는 것은 어려운 일입니다. 문제의 수학적 가치를 알아본 영국 수학자 아서 케일리는 ≪숙녀와 신사들의 수첩≫ 1851년 호가 나오기도 전에 5쪽 짜리 풀이를 만들어 1850년에 발표했습니다. 지금까지 발간되고 있는 과학 저널 ≪필로소피컬 매거진Philosophical magazine≫에서였습니다.

이후에도 커크먼의 여학생 문제는 형태를 바꿔가며 수학자들의 연구 대상이 되었습니다. 2017년에까지도 총 여학생 수와 각 줄에 서는 여학생 수, 행진하는 날짜 수를 일반화했을 때 문제의 답을 찾는 연구가 나왔습니다. 수학자들은 흥미로운 문제가 있으면 이처럼 형태를 바꾸거나 조건을 일반화하며 약간 새롭고 좀 더 어려운 문제를 만들어 푸는 걸 즐깁니다. 그 과정에서 얼떨결에 새로운 발견을 할 수 있기 때문입니다. '커크먼의 여학생 문제' 역시 조합론의 발전에 크게 이바지했습니다.

≪숙녀들의 수첩≫을 이어 받은 잡지에 이처럼 중요한 수학 문제가 나온 것은 주목할 만한 일입니다. 여성에게 재밌는 언어와 수학 퍼즐을 제공하려고 시작한 잡지가 어느새 전문성이 크게 강화되었다는 것을 보여주기 때문입니다. 이는 토마스 심슨 이후 편집장을 맡은 사람의 성격에서도 나타납니다. 심슨이 세상을 떠난 뒤 12년간 편집장을 맡은 에드워드 롤린슨은 심슨의 조수이자 잡지의 독자일 뿐이었지만, 이후 43년간 편집장을 맡은 찰스 허튼과 32년간 편집장을 맡은 올린서스 그레고리는 모두 울리히 왕립군사아카데미의 교수였으며 당대 최고의 영국 수학자로 꼽혔습니다. 심슨이 편집장으로 활동한 시기부터 ≪숙녀들의 수첩≫은 왕립군사아카데미를 중심으로 운영된 것입니다.

≪숙녀들의 수첩≫이 수학 잡지계에 미친 영향도 컸습니다. 1741년에는 ≪숙녀들의 수첩≫에 영향을 받은 ≪신사들의 수첩≫이 탄생했습니다. 두 번째 편집장의 조수였던 안소니 태커를 포함해 남성 8명이 모여서 공동 편집한 잡지였습니다. ≪신사들의 수첩≫은 ≪숙녀들의 수첩≫보다 수학 문제 비중이 크고 언어 퍼즐 비중이 작은 점만 빼고는 모두 비슷한 형식이었습니다. 1770년대에는 잡지의 문제들이 학생들의 교육을 위해 다시 출판되기 시작했습니다. ≪더 다이어리안 리포지터리_The Diarian Repository_≫는 '수학과 철학 공부를 하는 어린 학생들이 쉽고 친근하게 활용'하도록 하기 위해 1760년까지 수학 문제와 답을 모두 모았습니다. 수학 문제만이 아니라 언어 퍼즐까지 모두 모은 ≪다이어리안 미셀라니_Diarian Miscellany_≫도 나왔습니다. 미국에서도 이민자들이 ≪숙녀들의 수첩≫을 모사한 잡지를 만들었습니다. ≪매스메티컬 코레스폰던트_Mathematical Correspondent_≫ ≪숙녀와 신사들의 수첩≫ 등이 있습니다.

이처럼 영향력을 미국과 영국을 오가며 영향력을 떨쳤던 ≪숙녀들의 수첩≫이 폐간의 길로 들어선 것은 영국 수학자들이 프랑스를 따르면서였습니다. 프랑스는 혁명 이후 '에콜 폴리테크닉_Ecole Polytechnique_'을 설립해 수학과 과학을 전문화했으며, 남성 과학자를 독자층으로 하는 과학 전문 저널을 만들었습니다. 영국도 영향을 받아 캠브리지대학교를 중심으로 수학자와 과학자를 키우기 시작했습니다. 수학 잡지의 정점에는 ≪숙녀들의 수첩≫과 같은 대중적 성격과 전문적 성격을 함께 띠는 잡지 대신 ≪캠브리지 수학 저널*Cambridge Mathematical Journal*≫과 같은 대학이 발행하는 과학 전문 저널이 올라섰습니다. 19세기 중반이 되면 영국 수학자 중에도 ≪숙녀들의 수첩≫에 편지를 보내본 적이 없는 사람이 많아졌습니다. 18세기 영국 수학자 대부분이 ≪숙녀들의 수첩≫독자로 활동했던 것과 비교해 큰 변화였습니다.

　잡지 판매량이 줄어들자 출판사 스테이셔너스는 ≪숙녀들의 수첩≫과 ≪신사들의 수첩≫을 합치기로 결정했습니다. 1841년 탄생한 ≪숙녀와 신사들의 수첩≫은 30년간 명맥을 유지한 뒤 1871년 폐간됐습니다. 여성에게 수학을 공부할 수 있는 기회를 열어줬던 문은 잡지가 전문화되는 과정에서 점차 좁아지다 마침내 닫혔습니다. 영국에서 최초로 런던대학교가 여학생의 입학을 허가한 것은 ≪숙녀와 신사들의 수첩≫이 폐간된 지 6년이 흐른 뒤였습니다.

여성이 편한 일만 하려고
이공계를 기피한다고?

✦✦ 여성이 이공계로 가지 않는 것, 정말 '선택'일까?

"여자들 임금이 낮은 건 수학 싫다고 편한 일만 선택해서 그런 거 아닌가요?"

수학잡지팀에 들어온 지 얼마 되지 않아 허둥지둥 대던 2017년, 우연히 본 댓글 하나가 신경을 자극했습니다. 한국의 성별임금격차가 OECD에 속한 36개국에서 1등이라는 뉴스에 달린 댓글이었습니다. 한국이 OECD에 가입한 뒤 25년간 변치 않은 등수라 뉴스는 놀랍지 않았으나, 댓글은 지나칠 수 없었습니다. 여성이 남성보다 돈을 못 버는 이유를 전공 선택만으로는 설명하기 어렵다는 점●을 차치하고서라도, 댓글의 전제가 저는 낯설게 느껴졌습니다. 댓글은 여성이 남성과 평등하게 진로를 선택할 자유를 누린다고 보고 있기 때문입니다.

댓글이 전제한 세상은 제가 통과해온 세상과 달랐습니다. 이공계를 피한 것을 온전히 여성의 취향 탓으로 돌리기엔, 수학 혹은 과학을 전공하기를 주저하도록 만드는 요소로 성별이 쓰이는 일이 비일비재하게 일어났습니다. "여자치고 수학을 잘하네"라는 칭찬 앞에서 저는 자신감이 스러지지 않도록 붙잡아야 했습니다. "여자는 언어를 잘하고 남자는 수학을 잘한다"라는 말을 들으면 나만은 예외적으로 '남성적'이기를 간절히 바랐습니다.

대학에 와서는 남성이 저와는 다른 세계에서 자랐다는 걸 깨달았

● 2019년 김창환 미국 캔자스대학교 교수가 낸 논문 「경력단절 이전 여성은 차별받지 않는가?」는 전공 차이가 임금 차이에 미치는 영향이 미미하다는 사실을 보여준다. 21~29세 한국인 중 대학을 졸업한 뒤 18~24개월이 지난 비혼 취업자 7만 5337명의 월평균 소득을 비교한 결과, 여성은 남성보다 20퍼센트 소득이 낮았다. 그중 공대 나온 여자와 남자를 비교하면 소득 격차가 17.1퍼센트로 고작 2.9퍼센트 줄어드는 데 그쳤다. 여성은 이공계 전공을 선택해도 남성보다 평균적으로 17.1퍼센트 적은 소득을 얻는다는 뜻이다.

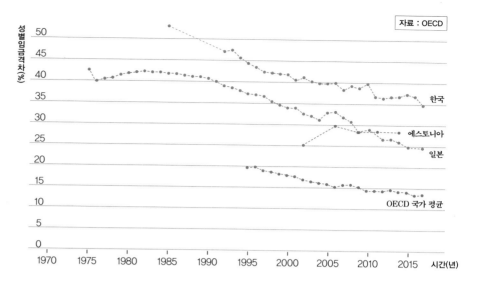

성별임금격차(%)

자료 : OECD

한국
에스토니아
일본
OECD 국가 평균

시간(년)

† 각국의 성별임금격차 순위. 한국은 OECD에 가입해 첫 통계가 나온 1996년부터 쭉 1위를 차지하고 있다.

습니다. 물리학과 남자 후배가 수많은 남성 물리학자의 이름을 열거하며 자기도 노벨상을 받는 게 꿈이라 말했을 때, 저는 생경함을 느꼈습니다. 여성 롤모델은 만들고 싶어도 그러기 어려웠기 때문입니다. 오빠가 남자중학교 과학경시반 선생님을 인생의 은사님으로 꼽으며 덕분에 과학고에 갈 수 있었다고 말할 때도 마찬가지였습니다. 제가 다닌 여자중학교에는 경시대회반이 꾸려져도 담당할 선생님이 없었다는 게 그제야 이상하게 느껴졌습니다.

이렇게 반문할 수도 있겠습니다. 18세기와 19세기처럼 대학 입학이나 학회 가입을 막은 건 아니니 그 정도야 노력의 힘으로 이겨낼 수 있지 않겠냐고 말입니다. 저도 학창시절엔 같은 생각을 했으나 수학 잡지팀에 들어와 매일 같이 논문을 보면서 생각이 바뀌었습니다. 이공계 학과와 직업군에 여성이 적은 이유를 설명하는 연구는 한 달에 한 번 꼴로 눈에 띄었습니다. 이들은 대부분 여성의 취향을 탓하기엔 간단치 않은 구조적 문제들이 있다고 입을 모았습니다.

213

✦✦ 여성의 이공계 진학을 막는 사회문화적 요소들 : 기존의 성비와 고정관념 위협

우선 높은 남성 비율 자체가 여성의 이공계 진학을 막는 걸림돌로 작용하고 있습니다. 스웨덴이 대표적인 예입니다. 스웨덴은 성평등 지수도 높고 남학생과 여학생의 수학 성적도 비슷합니다. 그럼에도 이공계에 진학하는 여성의 비율은 남성보다 현저히 낮습니다. 2017년, 스웨덴 룬드대학교 연구팀은 그 이유를 알아보기 위해 스웨덴 청소년 1,327명을 조사했습니다. 그 결과, 여학생이 전공을 선택하는 데 있어 가장 중요하게 영향을 미친 요소는 성공에 대한 믿음이었습니다. 이를 심리학에서는 '자기효능감'이라고 합니다. 여학생은 남학생보다 모든 과목에서 성적이 높더라도 이공계 분야에서 자기효능감이 낮았습니다. 성공하지 못할 거란 예상 탓에 이공계가 아닌 다른 전공을 선택한 것입니다.

이런 예상에는 합리적인 근거가 있습니다. 여성은 여성 동료가 많아야 높은 지위에 오를 가능성이 높다는 연구 결과가 2019년에 발표됐습니다. 남성 동료가 많으면 성공하기 어렵다는 뜻입니다. 이는 미국 노트르담대학교 연구팀이 미국 비즈니스 스쿨의 졸업생 700명 이상을 조사한 결과입니다. 이들 비즈니스 스쿨은 졸업생을 비즈니스 리더로 곧장 취직시키는 프로그램을 운영합니다. 연구팀은 졸업생의 취업 결과와 이메일 450만 개를 조사했습니다. 그 결과, 남성은 성비가 어떻든 교우 관계가 넓을수록 높은 지위를 얻은 반면 여성은 남성이 대다수인 교우 관계를 지닐 경우 낮은 지위를 얻었습니다. 또 높은 지위를 얻은 여성은 77퍼센트가 여성만으로 이뤄진 이너서클에 속했습니다. 이 연구는 비즈니스 스쿨을 대상으로 했지만, 여학생이 적은 물리학과 기계공학, 컴퓨터과학 등의 학과에서 여성이 성공하기란 쉽지 않을 것이라고 추정할 수 있습니다.

여전히 위력을 발휘하는 고정관념도 문제입니다. 여학생은 남학생보다 성적이 높더라도 수학에 대한 자신감이 낮으며, 이 점이 이공계를 피하는 원인이 된다는 사실은 앞서 말씀드렸습니다. (1화 참조) 나아가 고정관념은 실제 성적과 업무 수행 능력에도 영향을 미칩니다. 여성이 "여자는 수학을 못한다"는 고정관념을 떠올려야 하는 상황에 처하면, 자신이 고정관념을 실현시킬까봐 걱정하거나 이런 고정관념을 이겨내야 한다는 부담을 느껴 실제 능력을 발휘하지 못한다는 뜻입니다. 이는 심리학자들이 '고정관념 위협Stereotype threat' 이론으로 설명하는 현상입니다.

고정관념 위협 현상은 심리학자 클로드 스틸Claude Steele과 조슈아 아론슨Joshua Aronson이 1995년 처음 실험으로 보여줬습니다. 두 심리학자는 성적이 비슷한 아프리카계 미국인과 유럽계 미국인 대학생을 두 집단으로 나누어 언어 시험을 치르게 했습니다. 한 집단에서는 아프리카계 미국인과 유럽계 미국인의 평균 점수가 서로 비슷하게 나왔습니다. 성적이 비슷한 학생들을 모았으니 당연한 결과였습니다. 반면, 다른 집단에서는 아프리카계 미국인만 성적이 낮게 나왔습니다. 두 실험 집단의 차이는 단 하나, 두 번째 집단에게 "인종의 지적 능력을 평가한다"고 설명했다는 점입니다. 고정관념에 영향을 받은 아프리카계 미국인은 시험에서 제 실력을 발휘하지 못했습니다.

이 실험 이후 고정관념 위협 이론은 사회심리학 분야에서 널리 연구되었습니다. 학자들은 아프리카계 미국인만이 아니라 수학과 과학 능력이 떨어진다는 고정관념에 시달리는 여성, 동양인보다 수학을 못한다는 고정관념에 시달리는 서양인에 대해서도 비슷한 실험을 해 같은 결과를 얻었습니다. 심지어 2000년 미국에서는 두 남성과 수학 시험을 친 여성이 두 여성과 수학 시험을 친 여성보다 성적이 낮았다는 연구도 있었습니다. 연구팀은 남성의 존재 자체가 여성으로 하여금 고정관념을 떠올리게 한다고 설명했습니다.

이런 현상이 나타나는 원인에는 여러 가지 가설이 있지만, 널리 지지받는 것은 고정관념에 위협을 느낀 사람들이 '작업기억'을 불필요하게 사용한다는 가설입니다. 작업기억이란, 시험을 치고 업무를 수행할 때 필요한 단기 기억을 뇌에 저장하는 장소를 말합니다. 모르는 번호로 전화를 걸 때 짧은 시간 동안 기억하는 전화번호, 수학 문제를 풀 때 짧게 기억하는 숫자 등이 작업기억에 저장하는 정보입니다. 인간이 동시에 작업기억에 저장할 수 있는 정보는 보통 일곱 가지입니다. 이를 모두 시험 문제를 푸는 데만 쏟는다면 평소 실력대로 성적을 얻을 수 있습니다. 반대로 부정적인 고정관념을 스스로 실현할까봐 두려워하는 데 작업기억의 일부를 사용한다면요? 작업기억에 충분히 많은 정보를 저장하지 못해 시험을 망칠 것입니다.

이처럼 여성이 남성보다 수학을 못한다는 고정관념은 현실에도 힘을 발휘합니다. 앞서 살펴보았듯 이런 고정관념이 최초로 생긴 것은 18세기 말 대학과 아카데미가 여성을 거부했기 때문입니다. 따라서 "여자들이 이공계를 기피하고 편한 일만 선택하니 낮은 임금을 받는 게 당연하다"는 말은 지독합니다. 피해자에게 탓을 돌릴 뿐만 아니라, 불평등의 결과를 교묘하게 호도해 또 다른 불평등을 정당화하는 핑계로 이용하기 때문입니다.

✦✦ 고정관념의 바탕이 되는 '어디서 들어본' (유사)과학

고정관념의 비빌 언덕에는 과학이 자리하는 경우가 많습니다. 18세기에는 해부학과 골상학이 그랬고, (10화 참조) 21세기에는 뇌과학이 그 자리를 차지할 때가 많습니다. "여성은 우뇌가 발달해서 언어를 잘하고 남성은 좌뇌가 발달해서 과학을 잘한다"거나, "여성이 '김여사'란 소리를 듣는 이유는 공간지각력이 생물학적으로 발달하지 못하기 때문"이라는 말을 누구나 한 번쯤은 들어봤을 것입니다.

이런 말들은 사실 유사과학인 경우가 많습니다. 대표적으로 우뇌와 좌뇌에 대한 통념은 뇌과학자 대부분이 동의하지 않습니다. 우뇌가 왼쪽 팔과 다리를 움직이는 것을 담당하고 좌뇌가 오른쪽 팔과 다리를 움직이는 것을 담당하는 것은 맞지만, 직관보다 이성을 따르는 성향과 같은 개인의 기질이 뇌의 특정 부위와 관련이 있다는 증거는 희박합니다. 오히려 사람들이 뇌를 사용할 때 왼쪽이나 오른쪽에 치우치지 않는다는 연구 결과가 있습니다. 무려 1,000명의 7~29세 미국인 뇌 영상을 분석한 2013년 논문입니다.

이처럼 고정관념을 뒤집는 과학적 발견이 이어져도 고정관념은 과학의 탈을 쓰고 공고하게 살아남곤 합니다. 여전히 우뇌와 좌뇌에 관한 말들이 과학적인 듯한 모습으로 곳곳에서 들리는 것처럼 말입니다. 그 이유는 과학이 현대 사회에서 큰 권력을 지니기 때문일 겁니다. 과학계는 보편타당한 자연 법칙을 찾기 위해 적극적으로 회의하는 과학적 태도를 개발해왔지만, 아이러니하게도 이런 과정을 통해 얻은 것으로 보이는 과학적 결과는 많은 사람들이 의심 없이 받아들입니다. 과학적 용어가 조금만 섞여 있어도 철저한 검증으로 얻은 진리일 거라 생각하는 경우가 흔합니다. 성차별주의자가 의도했든 안 했든 대중이 '과학처럼 보이는' 지식을 쉽게 받아들이는 현상을 성차별을 정당화하기 위해 이용하는 셈입니다.

따라서 과학을 바탕으로 했다는 고정관념은 물론이고 뇌에서 성차를 발견했다는 연구도 의심의 눈초리로 볼 필요가 있습니다. 이를 위해 뇌과학자 다프나 조엘Daphna Joel과 마가렛 매카시Margaret McCarthy가 제안한 것을 참고할 만합니다. 조엘과 매카시는 뇌에서 보이는 성차의 원인이 문화에 있을 수 있다고 지적합니다. 이는 뇌의 '신경가소성' 때문입니다. 뇌는 경험에 따라 어떤 부위는 발달하고 어떤 부위는 작아집니다. 이런 가소성의 영향은 무시할 수 없을 정도로 커서, 2000년에는 런던 택시운전사가 2만 5천 개 거리를 외우는 동안 공간인지와 기억을 관장하는 해마 뒤쪽 회백질이 커졌다는 연구가 발표되기도 했습니다. 이공계 진학을 지지 받거나 저지 받는 경험, 닮고 싶은 롤모델을 간직하는 것, 어릴 적 인형을 갖고 놀거나 자동차를 갖고 노는 경험 역시 뇌를 바꿉니다.

물론 뇌에서 발견되는 모든 성차를 뇌의 가소성 탓으로 돌릴 수는 없습니다. 문제는 성차를 발견했다는 뇌과학 연구를 사람들이 읽을 때 가소성을 염두에 두지 않고 선천적인 차이인 것처럼 받아들인다는 점입니다. 성차가 발견된 장소가 몸이라는 점, 그 이유 하나 때문입니다. 때로는 뇌과학자들조차 연구에서 발견된 성차가 선천적인지 아닌지를 조사하지 않거나, 하지 못합니다. 이런 이유로 조엘과 매카시는 뇌과학자가 성차를 해석할 때 이것이 생애 내내 유지되는 특성인지, 특정한 문화에서만 발견되지는 않는지, 염색체나 호르몬의 결과가 맞는지를 물어야 한다고 주장했습니다. 뇌과학 뉴스를 읽고 함부로 "여성과 남성은 태어날 때부터 뇌도 다르구나!" 하고 판단하지 않아야 하는 이유입니다.

◆◆ 수학 좋아하는 여자도 계보가 있다

과학에서 여성의 역사는 쉽게 망각되곤 합니다. 여성이 과학과 수학을 좋아했고, 그러나 대학과 학회는 여성을 거부했으며, 그럼에도 여성은 참여하기 위해 고군분투했다는 역사가 기억됐다면 "여성은 과학과 어울리지 않는다"는 고정관념이 쉽사리 자리 잡지는 못했을 것입니다. 론다 쉬빈저는 『두뇌는 평등하다』에서 "17세기와 18세기 여성들이 학회에서 자신의 자리를 확보하기 위해 싸웠던 기억이 사라지고 말았다"고 썼습니다. 여성의 고등교육을 옹호했던 17세기 안나 반 슈르만의 책도, 18세기 에르크스레벤이 쓴 『여성의 공부를 막는 원인에 대한 고찰』도 도서관에서 사라졌습니다.

이런 탓에 이공계 여성들은 여전히 특별한 취급을 받습니다. 저 역시 수학이나 과학을 좋아한다고 말하면 어디선가는 "여자애가 특이하네"라는 대답을 들었습니다. 처음에는 희소성이 제 존재를 분명하게 만들어주는 것 같아 기분이 좋았지만, 오래지 않아 특별함이란 외로움을 뜻하기도 한다는 것을 깨달았습니다. 책을 쓰면서 수학과 과학을 좋아하는 여성들에게서 특별함이 덜어지면 좋겠다고 생각했습니다. 수학을 필수 교양으로 여겼던 엘리처럼 말입니다. ≪숙녀들의 수첩≫이 활개를 치고 마리아 아녜시가 살았던 18세기 초 여성들의 이야기는 여자가 수학을 좋아하는 것이 지극히 평범한 일임을 깨닫게 하는 데 손색이 없다고, 저는 생각합니다.

✦✦ 단행본

김유라 · 박막례 지음, 『박막례, 이대로 죽을 순 없다』, 위즈덤하우스, 2019.

론다 쉬빈저 지음, 조성숙 옮김, 『두뇌는 평등하다』, 서해문집, 2007.

마이클 키벅, 『황인종의 탄생』, 현암사, 2016.

몰리에르 지음, 이경의 옮김, 『학식을 뽐내는 여인들』, 지만지드라마, 2019.

이광연 지음, 『수학자들의 전쟁』, 프로시네스, 2007.

아일린 폴락 지음, 한국여성과학기술단체총연합회 옮김, 『평행 우주 속의 소녀』, 이새, 2015.

장 자크 루소 지음, 김중현 옮김, 『에밀』, 한길사, 2003.

클리퍼드 코너 지음, 김명진 외 옮김, 『과학의 민중사』, 사이언스북스, 2014.

메리 E 위스너-행크스 지음, 노영순 옮김, 『젠더의 역사』, 역사비평사, 2006.

피터 디어 지음, 정원 옮김, 『과학혁명』, 뿌리와이파리, 2011.

Charles Hutton, A Mathematical and Philosophical Dictionary: Containing an Explanation of the Terms, and an Account of the Several Subjects, Comprized Under the Heads Mathematics, Astronomy, and Philosophy Both Natural and Experimental: Volume 2, J. Davis, 1795.

Cynthia White, Women's magazines 1693-1968, Joseph, 1970.

Darlin Gay Levy · Harriet Branson Applewhite · Mary Durham Johnson, Women in Revolutionary Paris, 1789-1795, University of Illinois Press,

1979.

Emma Garman, A Liverated Woman: The Story of Margaret King, Longreads, 2016.

Goldstine H. H., A History of Numerical Analysis from the 16th through the 19th Century, Springer, 1977.

Janet Todd, Ascendancy: Lady Mount Cashell, Lady Moira, Mary Wollstonecraft and the Union Pamphlets, Eighteenth-Century Ireland Society, 2003.

Kristina Genell · Monika Kostera, "The flying university: institutional transformation in Poland", Management Education in the new Europe: boundaries and complexity, International Thompson Business Press, 1996.

Luca Stefano Cristini, Flowers, butterflies, insects, caterpillars and serpents…: From the superb engravings of Sybilla Merian and Moses Hariss, Soldiershop, 2014.

Lynda Lange, Feminist Interpretation of Jean-Jacques Rousseau, Penn State University Press, 2002.

Maria Gaetana Agnesi · Diamante Medaglia Faini · Aretafila Savini De' Rossi · Accademia De' Ricovrati, Edited and Translated by Rebecca Messbarger and Paula Findlen, The Contest for Knowledge: Debates over women's learning in eighteenth-century Italy, University of Chicago Press, 2005.

Massimo Mazzotti, Maria Gaetana Agnesi: Mathematics and the Making of the Catholic Enlightement, The University of Chicago Press, 2001.

Massimo Mazzotti, The World of Maria Gaetana Agnesi, Mathematician of God, JHU Press, 2007.

Michael du Preez · Jeremy Dronfield, Dr James Barry: A Woman Ahead of Her Time, Oneworld Publications, 2016.

Monique Frize, Laura Bassi and science in 18th century europe, Springer, 2013.

Naomi Passchoff, Marie Curie: And the Science of Radioactivity, Oxford University Press, 1996.

Oxford University Press, "Richardson, Challotte Caroline(1796-1854)", Oxford Dictionary of National Biography, Oxford University Press, 2004.

Gina Rippon, The gendered brain, Bodley Head, 2019.

✦✦ 학술자료

김창환, 「경력단절 이전 여성은 차별 받지 않는가?」, 『한국사회학』 제53집, 2019.

이봉지, 「루소의 반여성주의」, 『한국프랑스학논집』 제81집, 2013.

이진옥 지음, 「18세기 영국의 블루스타킹 서클」, 『역사와경계』제72집, 2009.

이혜령, 「루소의 여성성 개념에 대한 비판적 고찰」, 『통합학문연구』 제1집, 2009.

엄상일, 「엄상일 교수의 따끈따끈한 수학 – 퍼즐, 수학이 되다! 커크먼의 여학생 문제」, 『수학동아』 8호, 2017.

오혜진, 「뉴턴에 날개 달아준 여성 물리학자들」, 『과학동아』12호, 2016.

Daniel J. Velleman, "The Generalized Simpson's Rule", The American Mathematical Monthly, 2005.

Eleanor A Maguire · David G Gadian, Ingrid S Johnsrude · Catriona D Good · John Ashburner · Richard S J Frackowiak · Christopher D Frith, "Navigation-related structural change in the hippocampi of taxi drivers", Proceedings of the National Academy of Sciences Vol. 97, 2000.

Inzlicht M · Ben-Zeev T, "A Threatening Intellectual Environment: Why Females Are Susceptible to Experiencing Problem-Solving Deficits in the Presence of Males", Psychological Science Vol. 11, 2000.

J Swetz, "'The Ladies Diary' : A True Mathematical Treasure", Mathematical Association of America Vol. 15, 2018.

JA Del Regato · M.D, "Marie Sklodowska Curie", International Journal of Radiation Oncology Biology Physics Vol. 1, 1976.

Jared A Nielsen · Brandon A Zielinski · Michael A Ferguson · Janet E Lainhart · Jeffrey S Anderson, "An Evaluation of the Left-Brain vs. Right-Brain Hypothesis with Resting State Functional Connectivity Magnetic Resonance Imaging", PLoS One Vol. 8, 2013.

Joe Albree, Scott H. Brown, "A valuable monument of mathematical genius:

The Ladies' Diary 1704—1840", Historia Mathematica Vol. 36, 2008.

Kim Todd, "Maria Sibylla Merian (1647—1717): an early investigator of parasitoids and phenotypic plasticity", Brill Vol. 4, 2011.

Colleen M Ganley · Sarah Theule Lubienski, "Mathematics confidence, interest, and performance: Examining gender patterns and reciprocal relations", Learning and Individual Differences Vol. 47, 2016.

Maria Cieslak—Golonka · Bruno Morten, "The women Scientist of Bologna", American Scientist Vol. 88, 2000.

Shelley Costa, "THE LADIES' DIARY: SOCIETY, GENDER AND MATHEMATICS IN ENGLAND 1704—1754", Cornell University, 2000.

Shelley Costa, "The "Ladies' Diary": Gender, Mathematics, and Civil Society in Early—Eighteenth—Century England", The University of Chicago Press, 2002.

Stephen M. Stigler, The History Of Statistics: The Measurement of Uncertainty before 1900, Harvard University Press, 1986.

Teri Perl, "The ladies' diary or woman's almanack 1704—1841", Historia Mathematica Vol. 6, 1979.

Thomas Paul, "Jean—Jacques Rousseau, Sexist?", Feminist Studies Vol. 17, 1991.

Una Tellhed · Martin Bäckström · Fredrik Björklund, "Will I Fit in and Do Well? The Importance of Social Belongingness and Self—Efficacy for Explaining Gender Differences in Interest in STEM and HEED Majors", Sex Roles Vol. 77, 2017.

Yang Yang · Nitesh V. Chawla · Brian Uzzi, "A network's gender composition and communication pattern predict women's leadership success", Proceedings of the National Academy of Sciences Vol. 116, 2019.

★「숙녀들의 수첩」을 읽어주셔서 감사합니다.★